U0052550

May ⚓ Me Original Hand made Clothes

休閒&聚會都ok!

穿出styleの May⚓Me大人風手作服

一次學會上衣・洋裝・裙子・褲子・背心・包包・配件

伊藤みちよ

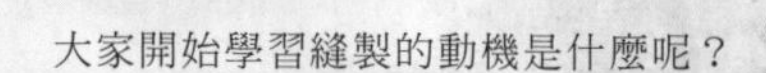

大家開始學習縫製的動機是什麼呢？

很多人在小時候會想幫喜愛的人偶製作服裝或毯子，

而開始有學習手作的念頭，我也是其中一人。

但不知從何時開始，轉而量身打造自己的衣服，

為了修飾自己的身材，

而且總是找不到想穿的衣服，

因此開始縫製專屬手作服。

上衣・褲子・外套……

穿上全部由自己手作的服裝，

除了開心之外，還有一種無法言喻的充實感。

就算到了現在，這種心情依舊沒有改變。

希望大家都可以體驗這種感動的心情，

所以本書收集了多款簡單又百搭的服裝。

襯衫・連身裙……依照不同單品排列，

首先就從自己衣櫃裡沒有的款式，

試著製作看看吧！

第一件選擇自己喜歡的素面布料製作，

第二款就可以嘗試稍微大膽的顏色或花紋。

只要選擇不同布料，就可以製作出不同風格的款式，真的很物超所值！

善用讓穿搭更多元化的服裝，

享受手作的時尚樂趣吧！

伊藤みちよ

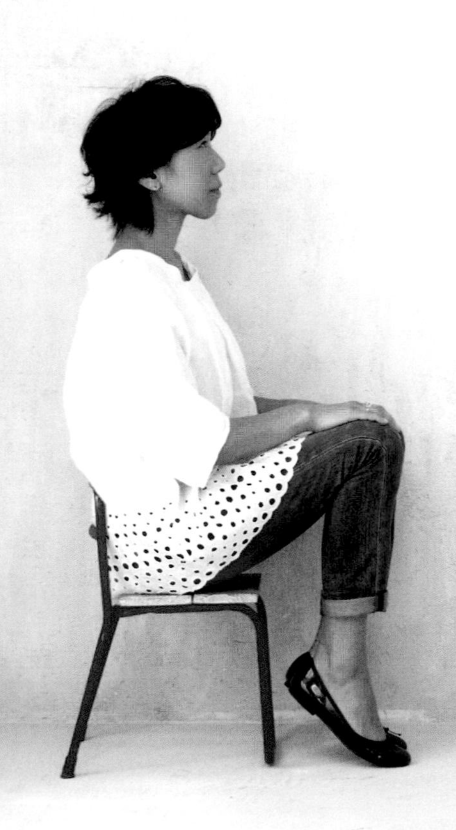

Contents

上衣

長版上衣 & 連身裙

裙子

褲子

5 PLUS ONE小單品

包包

配件

變換布料DRESS UP

Blouse
上衣

01

海軍領上衣

紙型相當簡單，輕輕鬆鬆就可以開始縫製。
套頭款式的上衣，
搭配休閒感覺的垂墜袖形，
不論誰穿都很適合的百搭款式。

How to make p50
[原寸紙型 1 面 A]

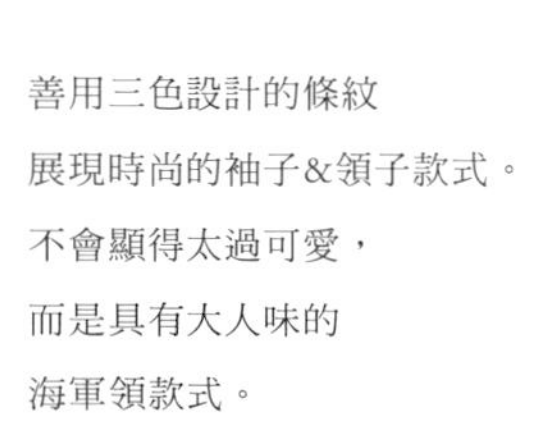

善用三色設計的條紋
展現時尚的袖子&領子款式。
不會顯得太過可愛，
而是具有大人味的
海軍領款式。

布料提供／Pres-de

02

細褶寬版上衣

柔軟細褶設計的圓領上衣，
Pepper圖案彷彿素色布料一樣百搭。
四季都可以穿的五分袖單品。
在寒冷的季節時，內搭高領上衣也很保暖喔！

How to make p.52
［原寸紙型２面Ｂ］

17
(→p.24)

布料提供／LIBERTY

背後領圍的開叉設計，
更增添可愛俏皮的風情。

03

開襟上衣

將P.6的領圍改小一點，
款式也改成開襟設計的上衣。
即使不扣上釦子，披在身上也很有型。
超過手肘長度的燈籠袖款式，
更能襯托手臂的纖細線條。

How to make p.55
[原寸紙型２面Ｂ]

布料提供／qui na rie

04

V領上衣

搭配法式垂肩袖設計的上衣。
深V領設計讓頸部線條看起來更清爽，
從領口中看見內搭服裝也非常有趣。
如果內搭長袖上衣，也能當成背心來穿著。

How to make p.60
[原寸紙型3面C]

布料提供／BellyButton

Tunic
長版上衣

05

V領長版上衣

P.9的上衣再接上裙片，
變身直筒款式，
是可以修飾腰臀線條的長版上衣。

How to make p.56
[原寸紙型3面C]

18
(→P.24)

布料提供／中商事

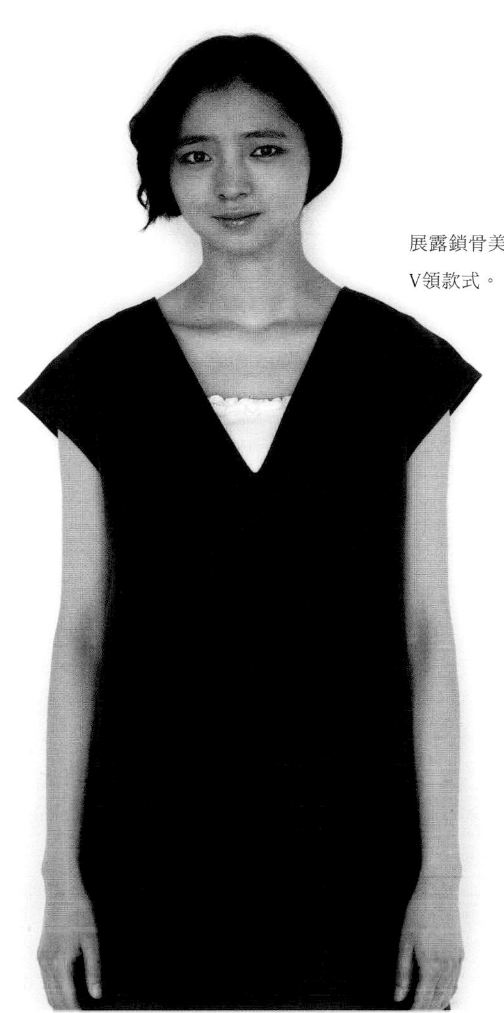

展露鎖骨美麗線條的
V領款式。

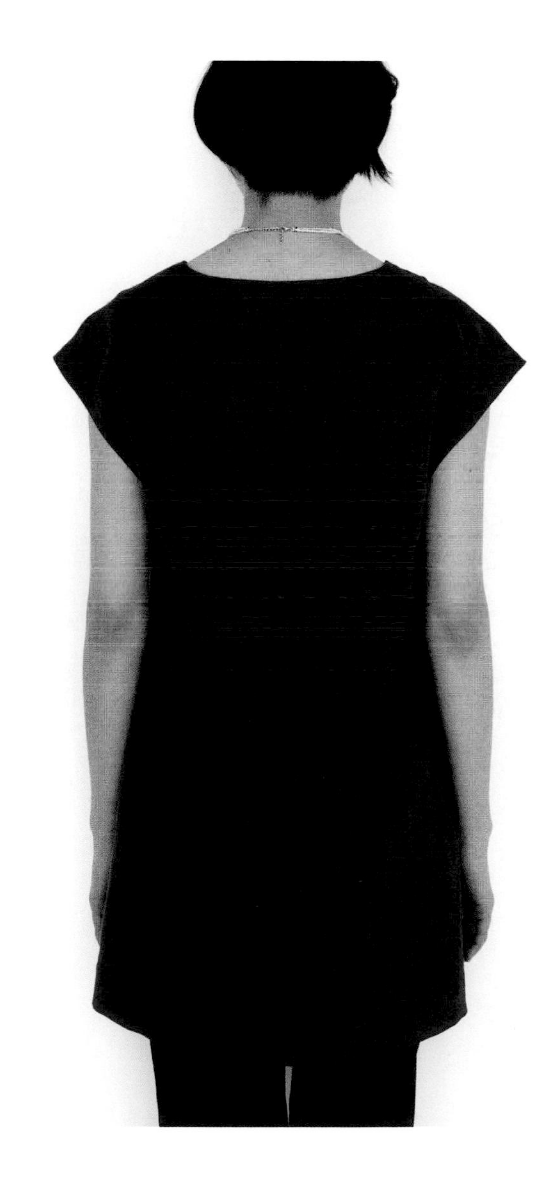

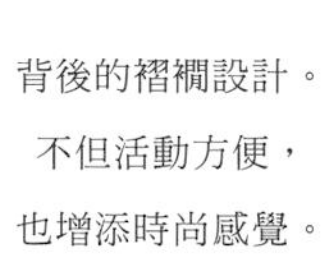

背後的褶襉設計。
不但活動方便，
也增添時尚感覺。

One-piece
連身裙

圓領連身裙

改變P.9的領圍設計，
並加長下襬的連身裙款式。
簡單的線條，配上布料上的植物圖案給人深刻印象，
可以享受手作的搭配樂趣。

How to make p.60
[原寸紙型3面C]

布料提供／點&線模樣製作所

07
08

07 竹製持手包包

就像縫製束口袋般的簡單包款。
竹製的持手彰顯大人味，
恰到好處的小尺寸也很可愛。

How to make p.76

08 側背包

以白色條紋布料
所作的自然休閒時尚包。
可以裝飾上自己喜歡的徽章等小飾品。

How to make p.77

09 開叉式開口連身裙（燈籠袖）

開叉式設計的領圍，搭配上前身片的抽褶款式連身裙。
是May Me風格的基本款服裝。
燈籠袖設計也給人優雅的感覺。

How to make p.44
［原寸紙型4面D］

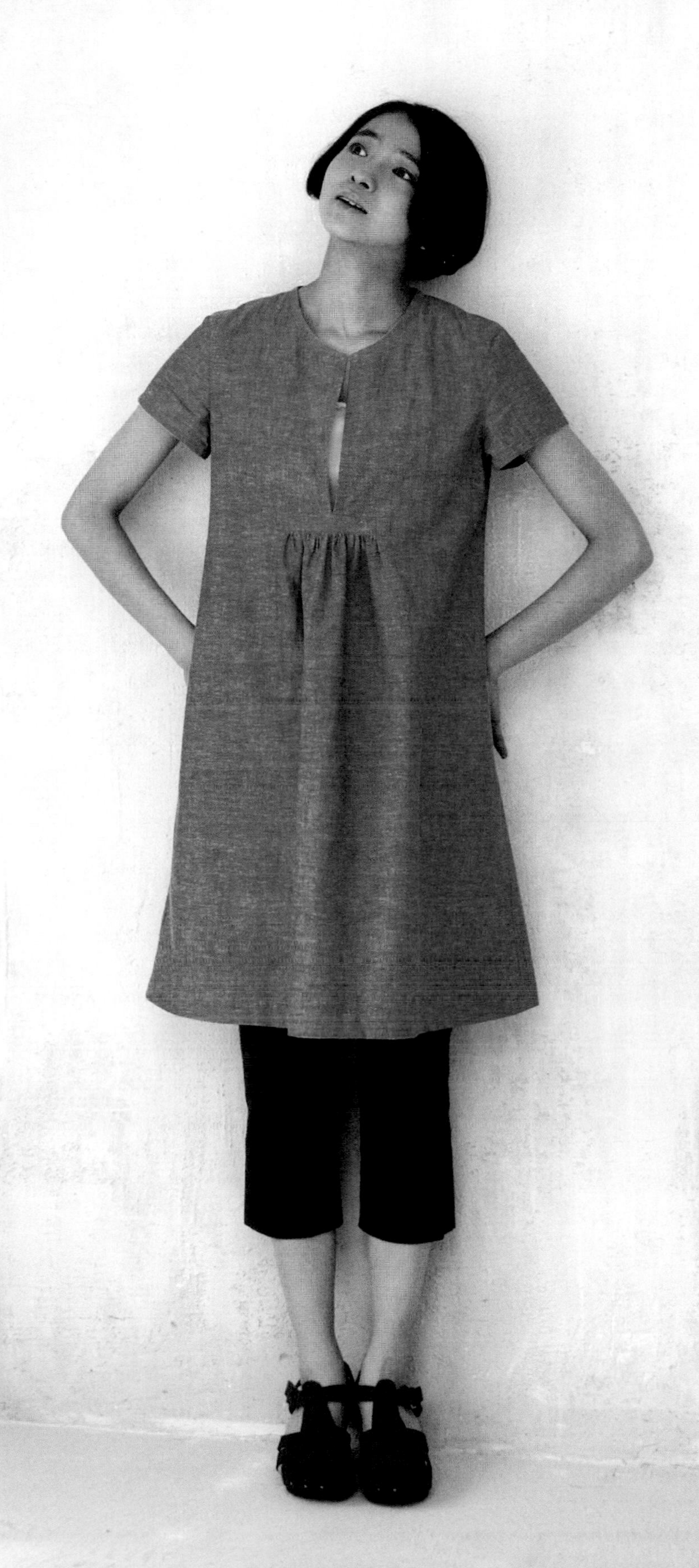

10

開叉式開口連身裙

改變左圖的袖子形狀，
增添休閒自然感。
搭配窄管褲或牛仔褲的多層次穿法，
非常好搭的時尚款式。

How to make p.49
[原寸紙型4面D]

布料提供／CHECK&STRIPE

11 抽褶連身裙

布料提供／LIBERTY JAPAN

加長P.6細褶寬版上衣的長度，
拉緊腰部細繩就變身連身裙。
雖然布料的花樣很特別，
但只要是同色系的深淺色，即可突顯大人味。

How to make p.54
［原寸紙型２面Ｂ］

12

開襟燈籠袖
連身裙

鬆緊帶設計可強調
從腰部開始展開的線條，
裙子款式與燈籠袖，
展現出復古女孩風的連身裙。
並刻意搭配古典風情的直條紋布料。

How to make p.62

［原寸紙型１面Ｅ・４面Ｄ］

後中心的褶襉設計。
讓線條更顯纖細修長。

29
(→p.37)

Skirt 裙子

13

九分長版A字裙

在腳踝上緣的長裙，穿起來非常舒適。
恰到好處的伸展線條，讓身材更加苗條。
和右圖是同一款式的裙子，
但將有釦子設計的那一面搭配在背後。

How to make p.64
[原寸紙型2面F]

布料提供／CHECK&STRIPE

14

及膝A字裙

展現簡潔線條的簡單設計。
可以調節腰圍大小的腰繩，
即使在中腰的位置，也可以輕鬆搭配。
腰頭的釦子設計很有裝飾效果，
轉到背面穿搭也非常OK喔！

How to make p.64
［原寸紙型２面Ｆ］

布料提供／CHECK&STRIPE

15

單面抽褶長裙

只有單面的抽褶設計，
不論將哪面當作正面都沒有問題的長裙。
柔軟輕盈的感覺穿起來非常舒適。

How to make p.65
［原寸紙型２面Ｆ］

07
(→p.13)

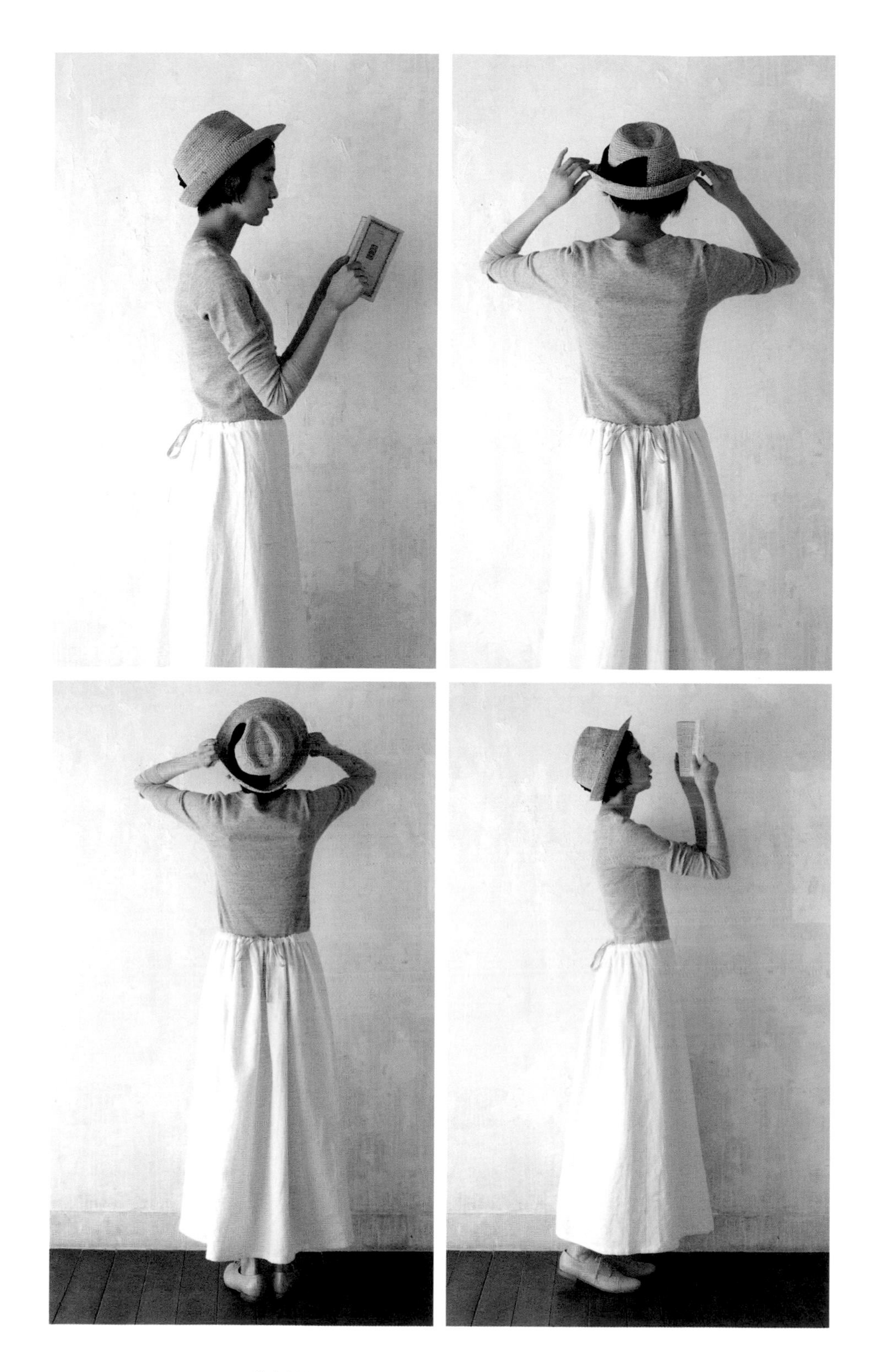

將有抽褶設計的那一面轉到後面搭配也非常可愛。
可呈現正面簡潔、背面蓬鬆可愛的感覺。

Pants 褲子

16

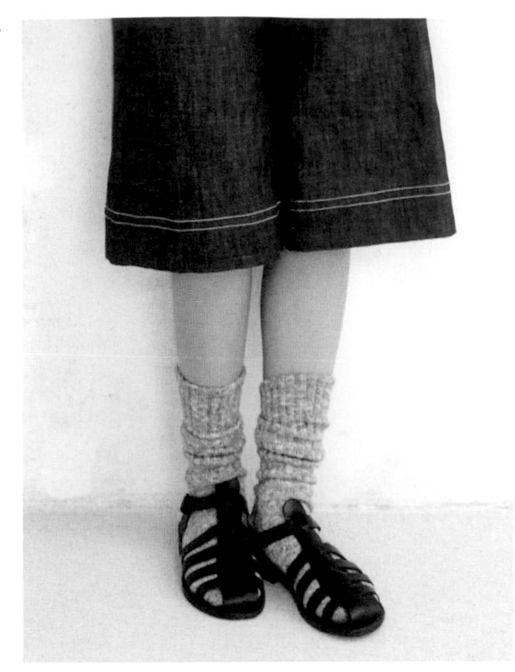

長度過膝的七分寬版褲。
冬天時可搭配緊身褲襪或靴子。

17

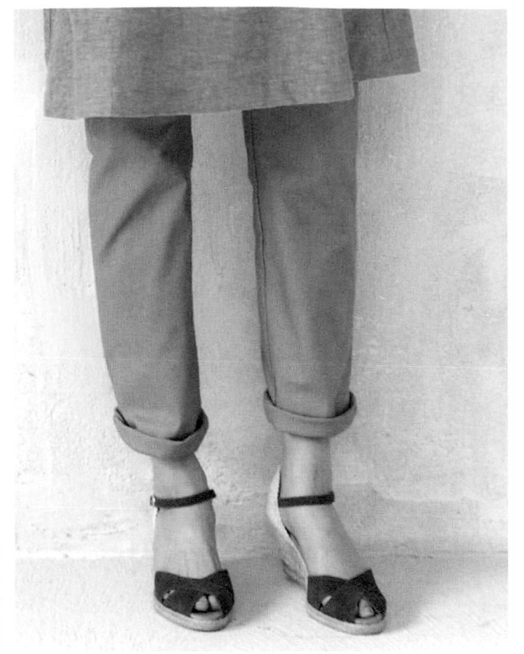

適合搭配各種顏色的駝色褲子。
將下襬捲起來穿也非常時尚喔！

18

不會太過服貼，卻可讓雙腿更顯纖長的
窄版修身褲。黑色的款式非常好搭。

18

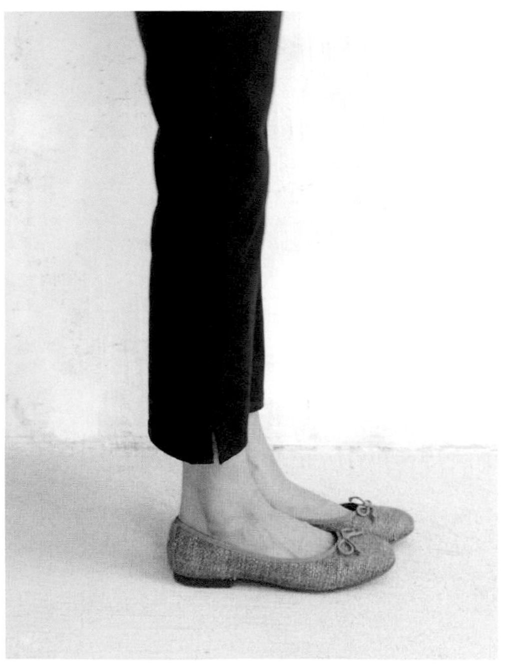

下襬的開叉設計，不僅方便穿脫，
更給人修長的視覺效果。

16 七分寬版牛仔褲

只有背面有鬆緊帶設計，
素淨的表面，展現簡潔線條的褲款。
下襬的兩條裝飾線非常搶眼。

How to make p.68
[原寸紙型３面Ｇ]

17 窄版修身褲（長褲款）
18 窄版修身褲（九分款）

一般很難買到這種有修飾效果
卻又顯修長的窄版修身褲。
這是多層次穿搭時，最好的時尚幫手。

How to make p.66,67
[原寸紙型４面Ｈ]

布料提供／安田商店3丁目店（16）・soleil（17）
アウトレットファブルックス（18）

Coat 大衣

19

連身裙長外套

簡單的傘狀連身裙風衣。
無領的設計，可以自由搭配圍巾或裝飾領，
兩側還附有口袋。

How to make p.61
[原寸紙型1面E]

28
(→p.37)

布料提供／安田商店3丁目店

12
(→P.18)

打開釦子，
連身裙內也穿著連身裙！

Camisole

背心連身裙

20

背心連身裙

米白色的背心連身裙，
也算是無袖連身裙。
可再套上P.14的連身裙，
從下襬透出隱約可見的蕾絲，是時尚的小巧思。

How to make p.70
[原寸紙型4面I]

正面&背面，
採用不同設計的波浪蕾絲款式。

背面的肩繩設計就像圍裙一般，
當成正面來穿也非常好看。

布料提供／BellyButton

Vest 背心

21 亞麻背心
22 羊毛背心

時尚又好搭配的一款。
不但簡單好縫製，
且具有講究時尚線條的腰身設計。
較寬的袖襱設計，內搭寬鬆的上衣或連身裙都很OK。

How to make p.72

[原寸紙型３面Ｊ]

布料提供／中商事（21・22表布）
安田商店3丁目店（21裡布）

22
(→P.30)
15
(→P.22)

背後有時尚的
三角形切口設計。

23

披肩式開襟外套

只需要接縫長方形的筒形袖，
即可展現時尚帥氣的優秀單品。
垂墜的輪廓線條非常好看。
推薦選用好車縫的羊毛紗布料。

How to make p.69

布料提供／安田商店3丁目店

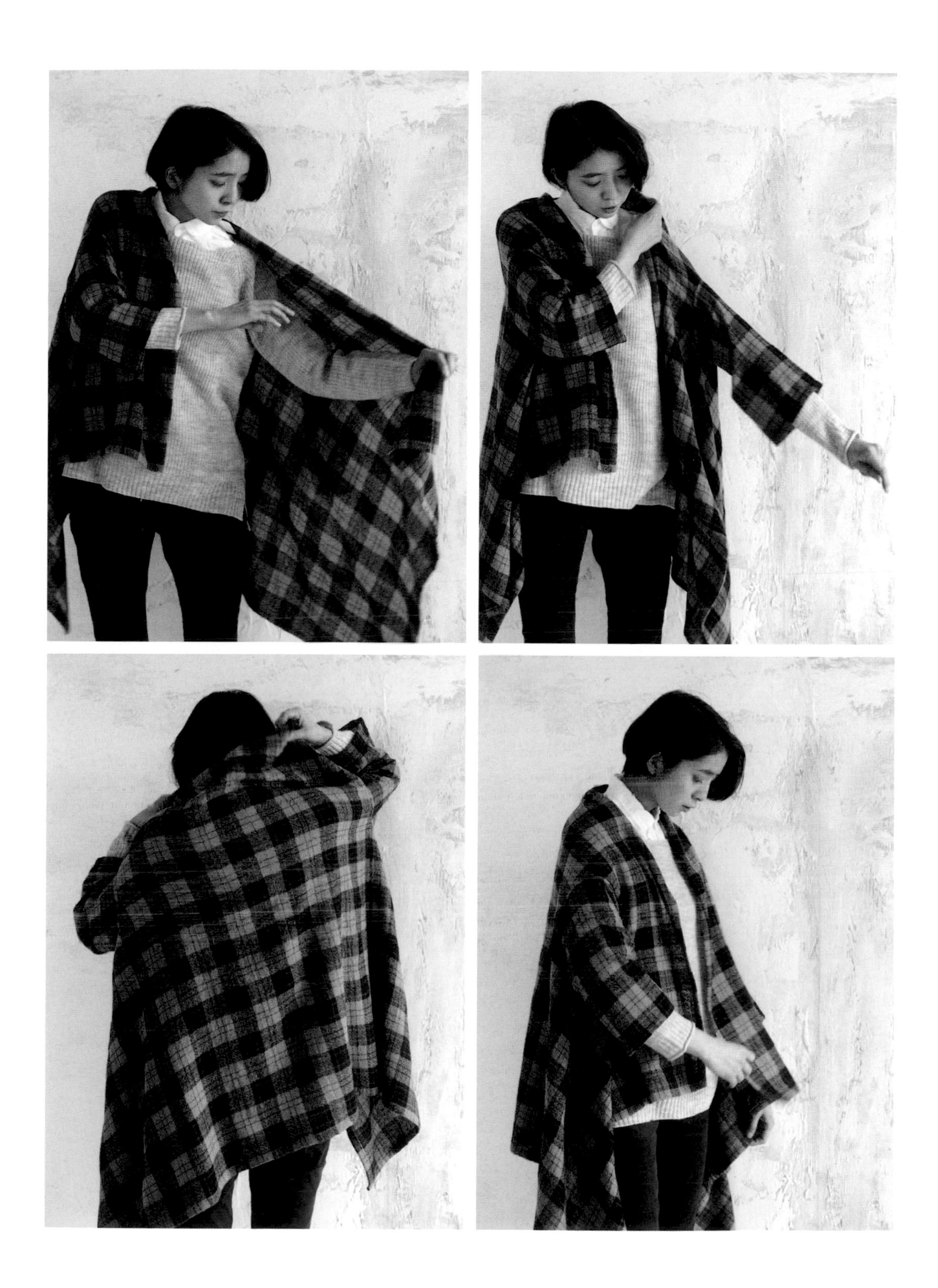

Manteau 披風

26
(→p.36)
16
(→p.24)

24

連帽披風

不論是搭配牛仔風格或連身裙都很適合，
展現簡單格調的連帽披風。
使用輕薄柔軟的壓縮羊毛布。
使用帽子與身片一體成形的紙型，
讓縫製上更加簡單且節省時間。

How to make p.74

［原寸紙型２面Ｋ］

布料提供／安田商店3丁目店

漂亮圓形輪廓所展現的傘狀線條。
請搭配P.36的手腕套，
一起搭配出時尚造型吧！

看起來很可愛的帽子，
可以代替領子，保護頸部不受風寒。
保暖效果讓身體更加暖烘烘。

Accessory 配件

25
27
26

25 手腕套 I　*How to make p.79*

26 手腕套 II　*How to make p.78*

27 毛皮裝飾領　*How to make p.79*　［原寸紙型 1 面 L］

小鹿斑紋合成毛皮提供／exterial fur shop

28
29

28 蕾絲裝飾領 How to make p.78

29 條紋亞麻圍巾 How to make p.78

變換布料 Dress up!

18
(→P.24)

30

櫻桃紅上衣

將P.4的上衣去掉海軍領的款式。
採用色彩華麗的亞麻布製作，
是正式場合也很適合的時尚款式。

How to make p.51
[原寸紙型1面A]

31

雙色設計連身裙

將P.10 V領長版上衣的剪接部分
改為高雅的米色短毛素材，
裙子選擇黑色壓縮羊毛布料，
展現典雅的雙色設計。
冬天就穿上這款去參加派對吧！

How to make p.58
[原寸紙型 3 面 C]

布料提供／exterial fur shop（上衣）
安田商店3丁目店（裙子）

27
(→P.36)

搭配P.36的毛皮裝飾領。
駝色系的小鹿斑紋圖案，
更突顯大人味的氛圍。

還有還有！

不同時尚造型の穿搭技巧

本書所介紹的都是很百搭的款式，而這些單品的搭配方法也很多，
以下將介紹可以享受穿搭樂趣的範例！

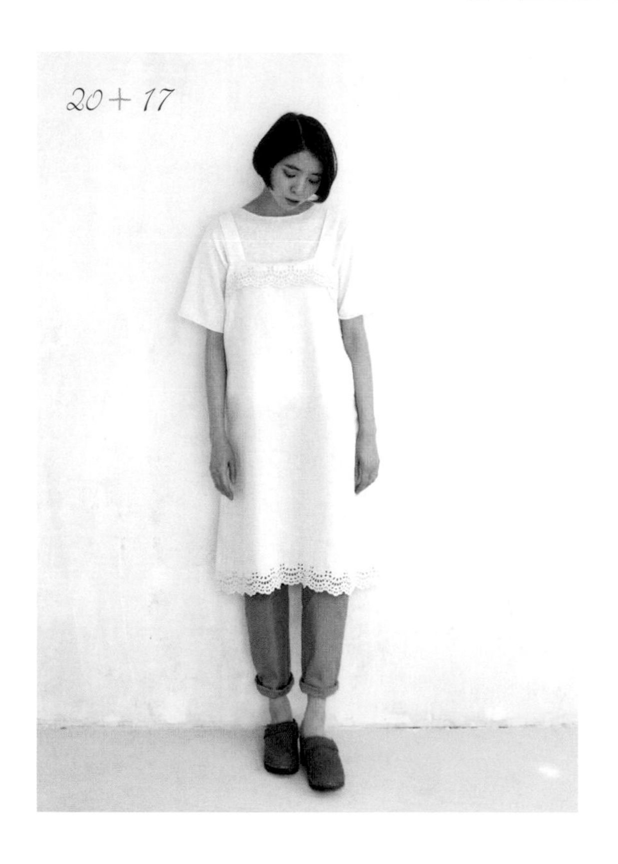
20＋17

背心連身裙
(→P.28)

窄版修身褲
(→P.24)

T恤&背心連身裙所搭配出的潔白漸層感。為了避免看起來太過甜美，再搭配上捲起褲管的駝色窄版修身褲&皮革懶人鞋。

03＋13

開襟上衣
(→P.8)

九分長版
A字裙
(→P.20)

P.8的細褶寬版上衣&P.6開襟上衣，所設定的長度都是為了方便搭配褲款或裙子。柔軟的上衣塞在裙子內，會讓比例看起來更修長。

自己手作的服裝

01 03 13 16 17 18 19 20 21 30

21＋30＋16

亞麻背心
(→P.30)

櫻桃紅上衣
(→P.38)

七分寬版牛仔褲
(→P.24)

搭配P.38的時尚紅色上衣，七分寬版牛仔褲可營造出休閒感。若再搭配亞麻背心，更顯大人味。

01＋18＋19

海軍領上衣
(→P.4)

窄版修身褲
(→P.24)

連身裙長外套
(→P.26)

P.10的V領長版上衣&窄版修身褲，若換成短版上衣也非常好看。再配上連身裙長外套，就是春季與秋季的外出必備服裝！

本書作品的製作方法

關於尺寸

- 本書中除指定處之外的數字單位皆為cm。
- 附贈的原寸紙型，有S・M・L・LL尺寸。請依下方的表格來參考製作服裝的尺寸。各個作品頁面的完成尺寸也請一併列入參考。

	S	M	L	LL
胸圍（B）	79	83	87	91
腰圍（W）	63	67	71	75
臀圍（H）	86	90	94	98
身長	160（共通）			

※圖片中模特兒的身高為168cm・B79・W60・H87，拍攝時穿著M尺寸。

完成尺寸的計算方法

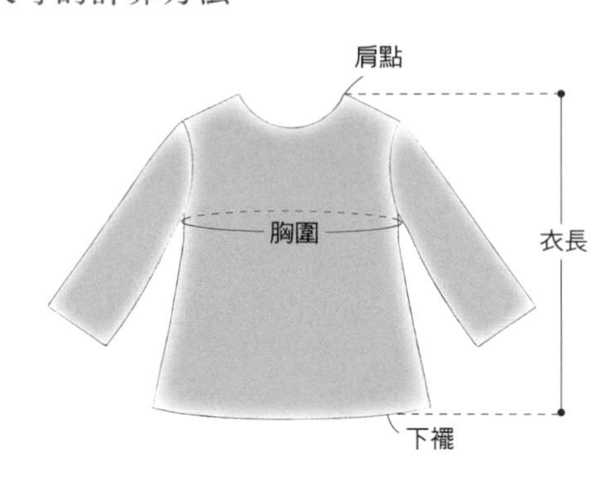

肩點
胸圍
衣長
下襬

關於材料&圖示

- 記載的尺寸若有多排數字的情況時，從左邊開始代表S／M／L／LL各尺寸的數字。
- 各作品的裁布圖代表大概的配置，依據布料與尺寸不同，有可能無法以相同位置配置紙型，請在裁剪時事先確認清楚。
- 布料的所需尺寸，依寬×長的順序來表示。如果需要對齊花紋（條紋・格紋等），有可能會比書中的尺寸花費更多布料。

使用適合的車縫線&車縫針進行縫製

	薄布料 紗布・細布等	普通的布料 棉麻布・亞麻布・棉布・格紋布等	厚布料 丹寧布・壓縮羊毛布等
車縫線	90 號車縫線	60 號車縫線	30 號車縫線
車縫針	9 號車縫針	11 號車縫針	14 號車縫針

關於紙型

- 附贈的原寸紙型上，重疊了許多尺寸線條。將「自己想要作的服裝」的「想要作的尺寸」以描圖紙描繪下來使用。
- 原寸紙型沒有加上縫份。請參考裁布圖，加上指定的縫份。
- 直線裁剪的作品，沒有附紙型。請依參考尺寸直接在布料上畫上直線（不要忘記縫份）並直接裁剪。

認識紙型的線條&記號

布紋線
與布邊平行的直布紋。

摺雙
布料左・右對摺後，對稱的地方。

貼邊線
表示貼邊位置&形狀的線條。

合印記號
疊合兩片以上的布片時，為了避免布料歪斜的對齊記號。

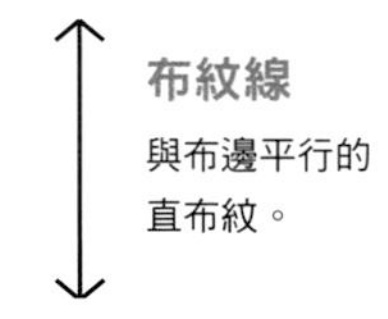

抽皺褶
進行粗針目車縫後，抽線縮緊的地方。

褶襉
配合褶襉方向，斜線高的地方往低的地方摺疊。

一定要知道的作業流程

整理布紋的作法

❶ 將布料保持摺疊狀態，放入水中浸1個小時以上使其完全吸水。（羊毛材質只需以噴霧器噴水使其濕潤即可）。

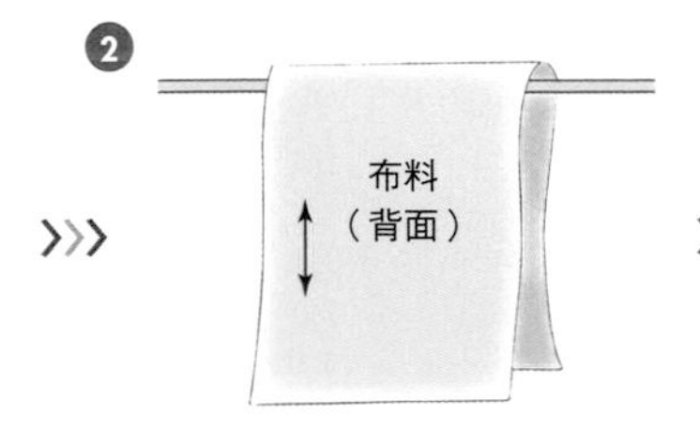

布料
（背面）

❷ 輕輕脫水，在陰天時曬至半乾為止就好。

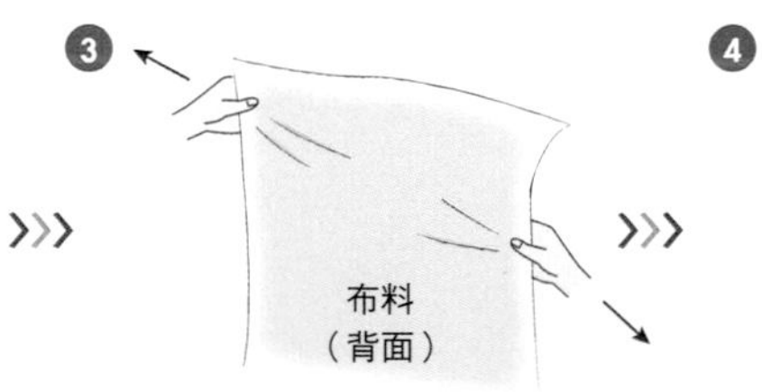

布料
（背面）

❸ 半乾的狀態下，以手整理直、橫布紋使其呈現直角。

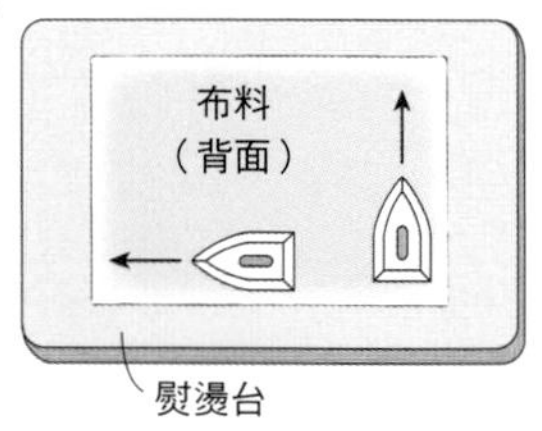

布料
（背面）
熨燙台

❹ 從布料背面輕輕熨燙，一邊整理布紋，一邊燙乾使其平整。

裁布圖

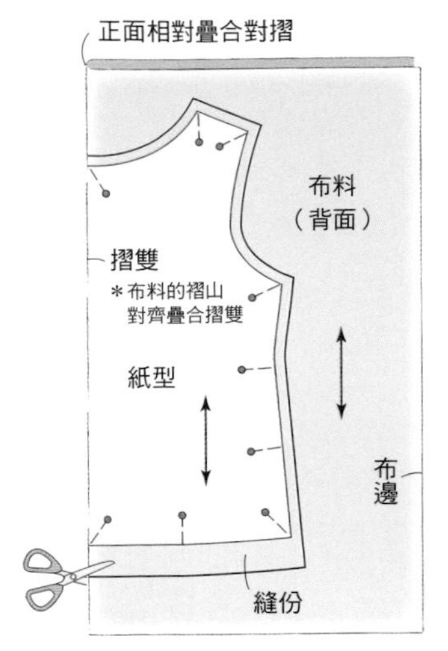

正面相對疊合對摺
布料
（背面）
摺雙
＊布料的摺山
對齊疊合摺雙
紙型
布邊
縫份

確認紙型上的記號與布紋方向相符後放置在布料裡側。以記號筆標示指定的縫份後進行裁剪。

邊角縫份的畫法

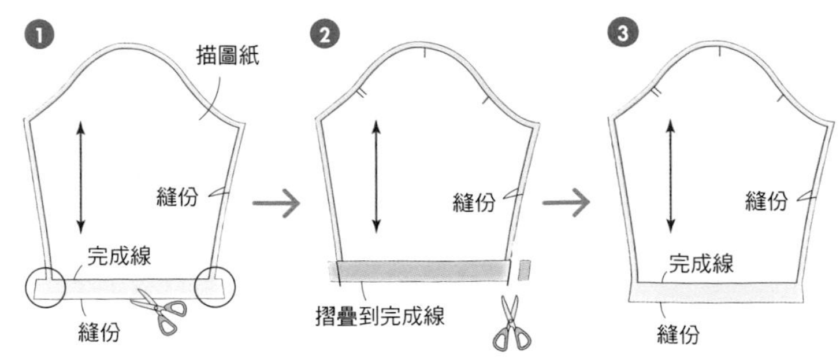

1
描圖紙
縫份
完成線
縫份
2
縫份
摺疊到完成線
3
縫份
完成線
縫份

❶ 若是同紙型方向平行加上縫份，在縫製時縫份會不夠。邊角以外的縫份加上之後，邊角周圍請留多一點縫份寬度裁剪。

❷ 摺疊到完成線，沿著外圍縫份往下畫延伸線，裁掉多餘部分。

❸ 這樣就可以畫出正確有角度的縫份了。

斜布條的作法

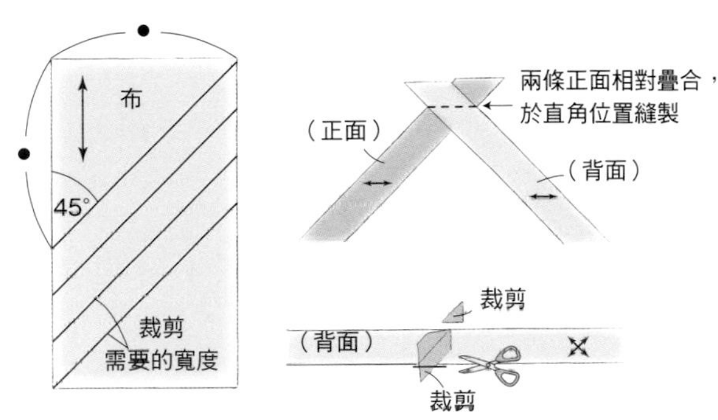

布
45°
裁剪
需要的寬度
兩條正面相對疊合，
於直角位置縫製
（正面）
（背面）
裁剪
（背面）
裁剪

與布紋線呈45角剪下所需寬度的布料，稱為斜布條。
需要長條時，剪下多條相同寬度布條接合使用。

黏著襯的貼法

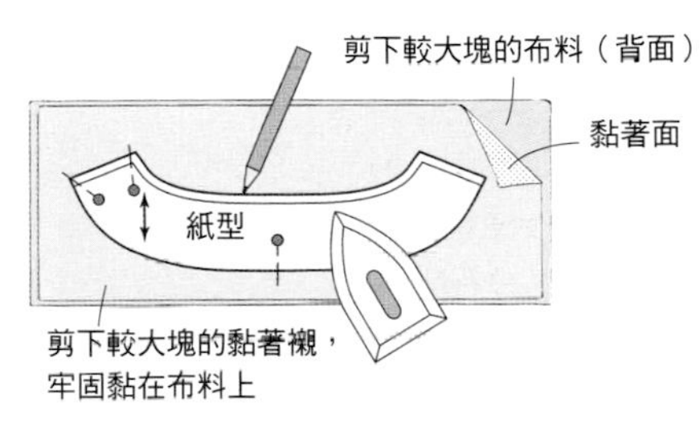

剪下較大塊的布料（背面）
黏著面
紙型
剪下較大塊的黏著襯，
牢固黏在布料上

剪下較大塊的布料貼上黏著襯，再放置紙型裁剪正確尺寸。熨斗從正上方輕輕壓燙，避免滑動或用力來回摩擦。

立針縫

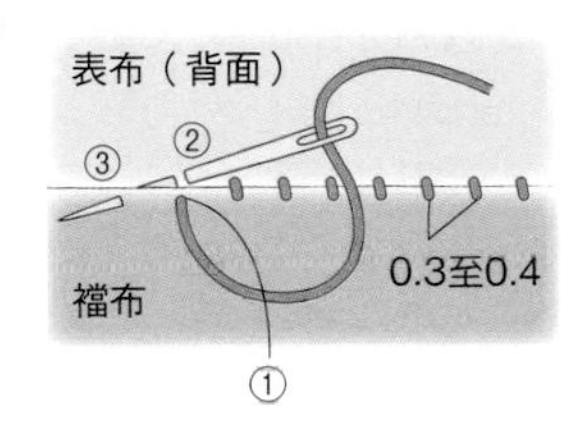

表布（背面）
③
②
0.3至0.4
襠布
①

①出針
②再往正上方處入針，往左斜向出針。
③從襠布背面出針（①～重複）。

釦眼的作法

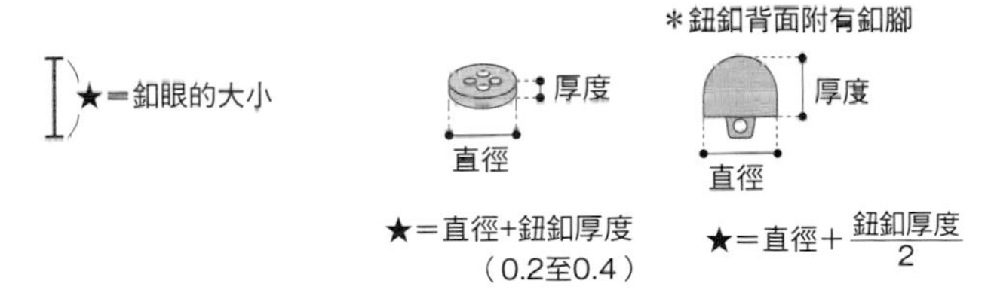

＊鈕釦背面附有釦腳
★＝釦眼的大小
厚度
直徑
厚度
直徑

★＝直徑+鈕釦厚度（0.2至0.4）

★＝直徑＋$\frac{\text{鈕釦厚度}}{2}$

★為基準決定尺寸。釦眼以縫紉機附屬的開釦眼功能製作。

0.4
以珠針防止割到縫線
0.2
以拆線器割開釦眼

運用斜布條製作滾邊的方法

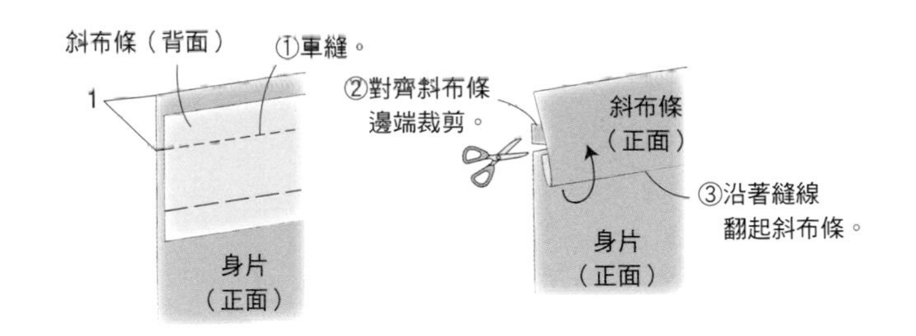

斜布條（背面）
①車縫。
1
身片
（正面）
②對齊斜布條
邊端裁剪。
斜布條
（正面）
③沿著縫線
翻起斜布條。
身片
（正面）

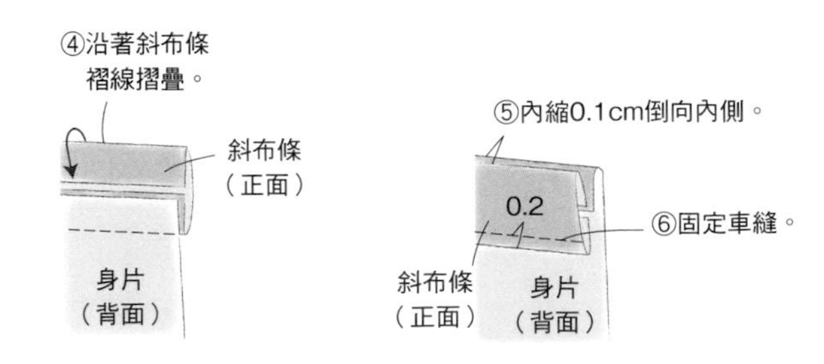

④沿著斜布條
褶線摺疊。
斜布條
（正面）
身片
（背面）
⑤內縮0.1cm倒向內側。
0.2
⑥固定車縫。
斜布條
（正面）
身片
（背面）

參考圖片，製作&縫製的流程

09 開叉式開口連身裙
（燈籠袖）

Photo……P.14

★完成尺寸（依S／M／L／LL順序）
胸圍……90／94／98／102cm
身長（共通）……95cm

★材料（4個尺寸相同）
亞麻布（紫色）……110cm×230cm

★原寸紙型
〔4面／D〕1-前片・2-後片・3-燈籠袖

★為了便於解說辨識，選用了顏色明顯的縫線&布料。

【裁布圖】

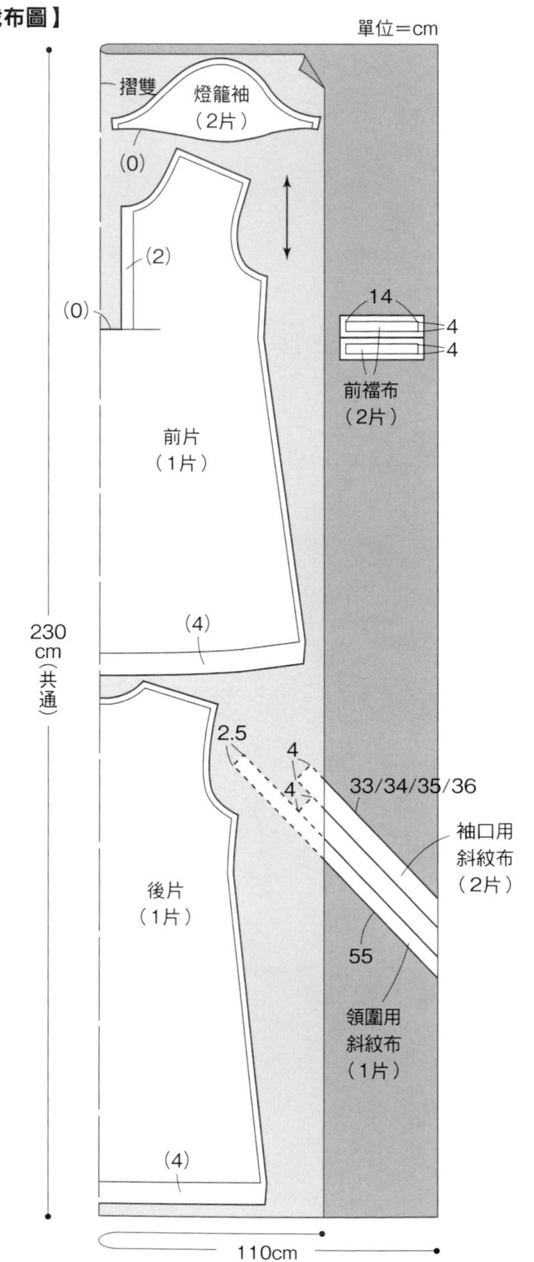

單位＝cm
摺雙
燈籠袖
（2片）
(0)
(2)
(0)
14
4
4
前襠布
（2片）
前片
（1片）
(4)
230
cm
（共通）
2.5
4
4
33/34/35/36
袖口用
斜紋布
（2片）
後片
（1片）
55
領圍用
斜紋布
（1片）
(4)
110cm

※（　）中的數字為縫份。除指定處之外，縫份皆為1cm。

準備

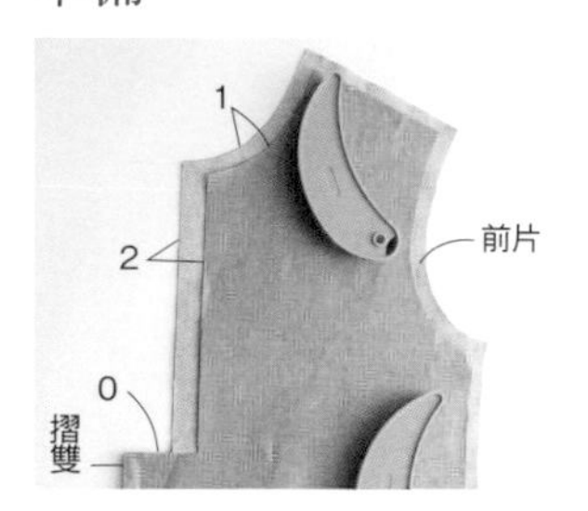

1
2
前片
0
摺雙

❶ 參考左邊的裁布圖，加上指定的縫份後裁剪。前片前中心的縫份如圖所示。

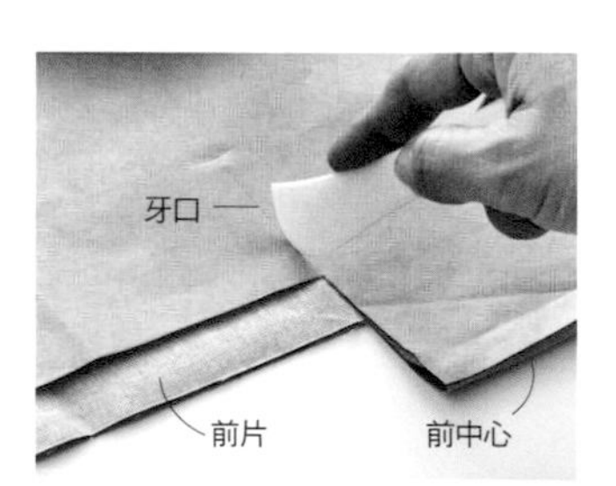

牙口
前片
前中心

❷ 以骨筆描繪紙型上的牙口標示線，將記號刻印在布料上。

1 製作前襟開叉

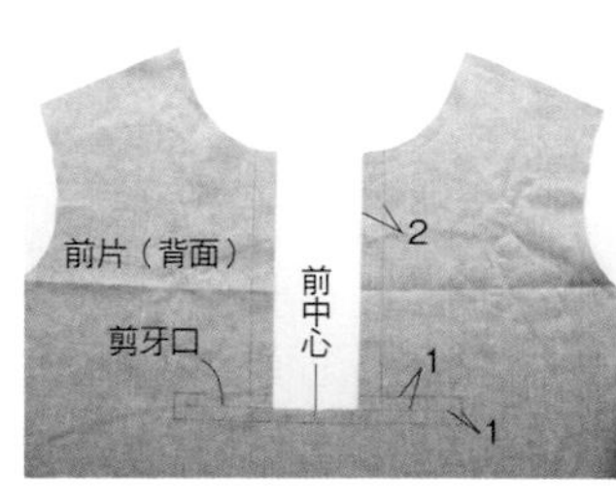

前片（背面）
2
前中心
剪牙口
1
1

❶ 以記號筆將前襟開叉&牙口的周圍畫上完成線。

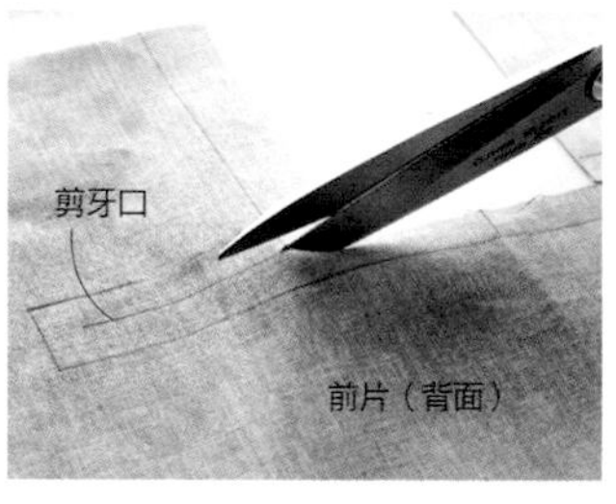

剪牙口
前片（背面）

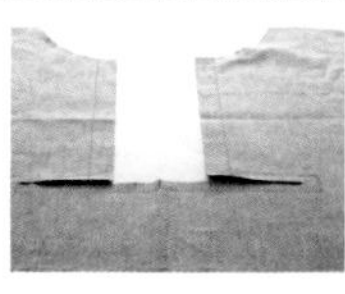

❷ 以剪刀依據牙口標示線剪牙口。

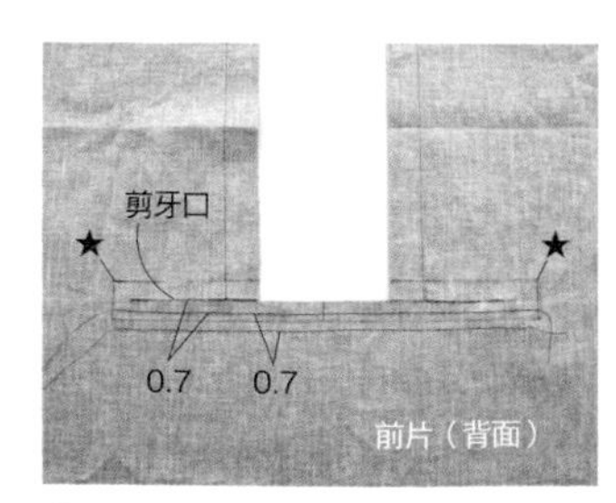

剪牙口
★
★
0.7
0.7
前片（背面）

❸ 在牙口下方，約0.4cm以粗針目車縫兩道。

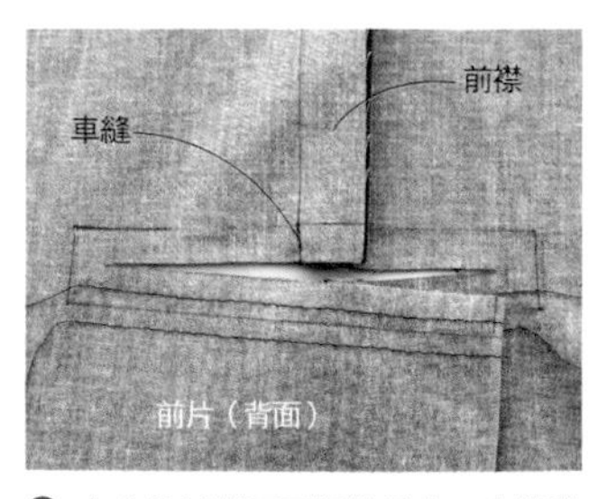

前襟
車縫
前片（背面）

❹ 左右的前襟正面相對疊合，車縫開叉止點處的縫份處。

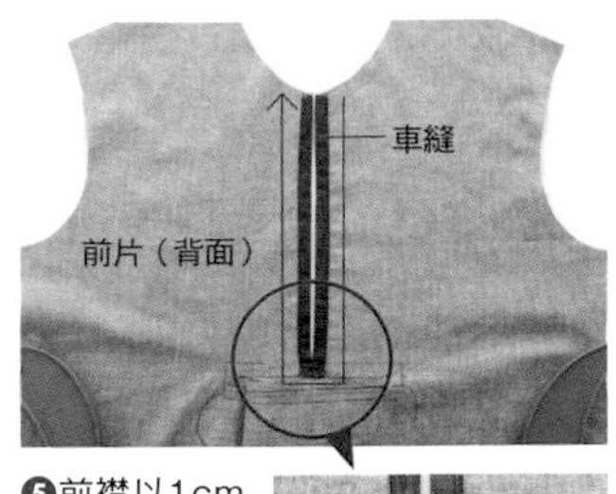
車縫
前片（背面）
0.1
0.5

❺前襟以1cm寬度熨燙三摺邊，車縫固定邊端。

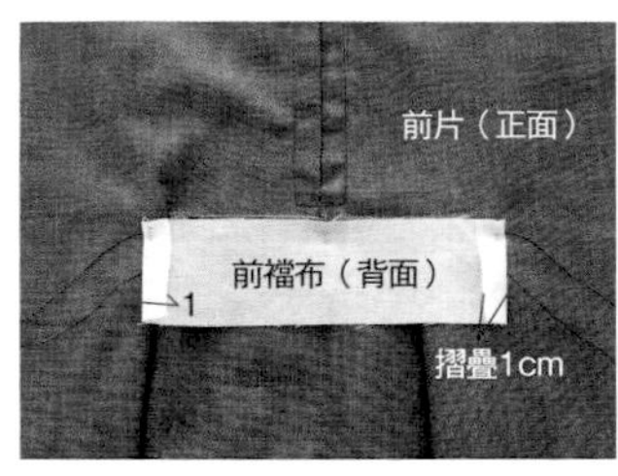
前片（正面）
前檔布（背面）
1
摺疊1cm

❻ 前檔布左右邊端各摺1cm，和前片正面相對疊合（背面邊角&步驟❸的★記號重疊），以珠針固定。

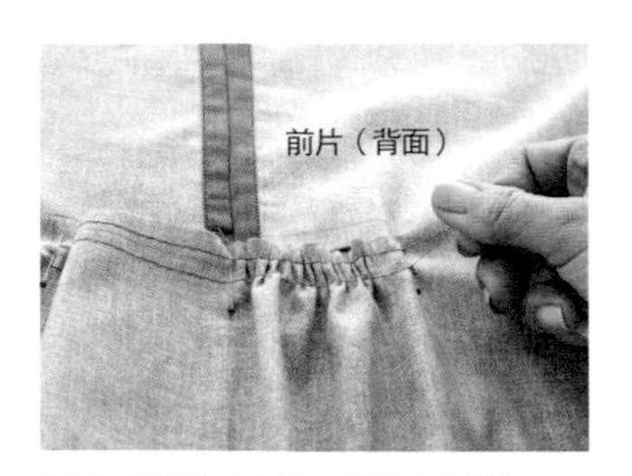
前片（背面）

❼ 抽拉步驟❸的線，製作出細褶。

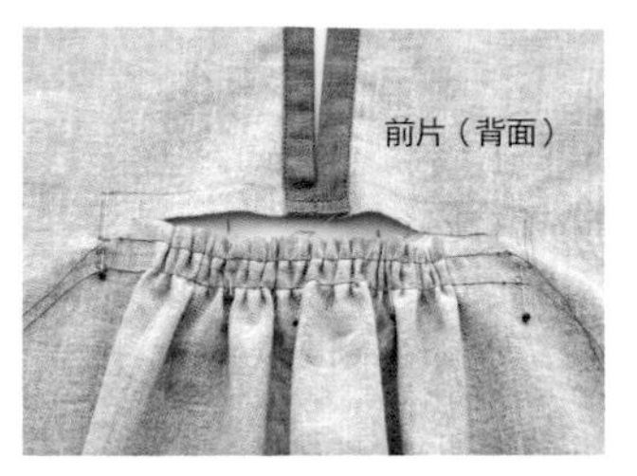
前片（背面）

❽ 細褶尺寸對齊開叉牙口大小，平均地抽拉細褶，將前片&檔布以珠針固定。

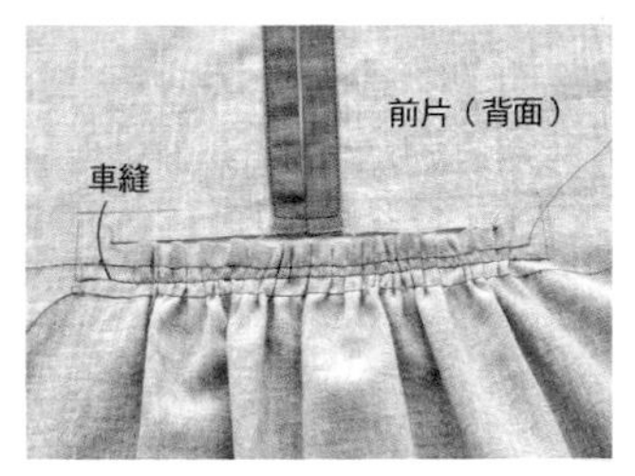
前片（背面）
車縫

❾ 車縫❶畫上的完成線（下側），縫合前片&前檔布。

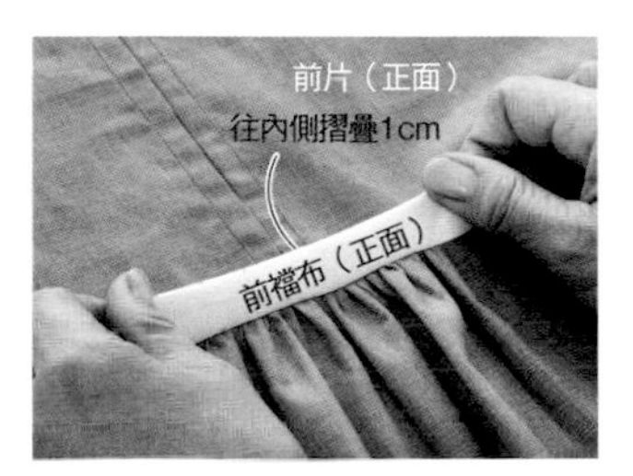
前片（正面）
往內側摺疊1cm
前檔布（正面）

❿ 將前檔布覆蓋在步驟❾上摺疊，上端縫份往內側摺疊1cm。

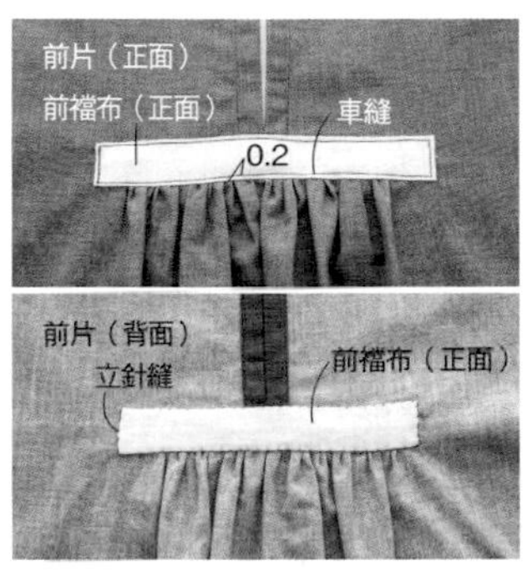
前片（正面）
前檔布（正面）
車縫
0.2
前片（背面）
立針縫
前檔布（正面）

⓫ 從正面車縫檔布邊端。將另一片前檔布的四邊縫份往內摺疊，隱藏身片背面的細褶縫線，以立針縫（參考P.43）固定。

2 車縫肩線

身片（正面）

❶ 前片&後片肩線，各自進行Z字形車縫（也可進行拷克）。

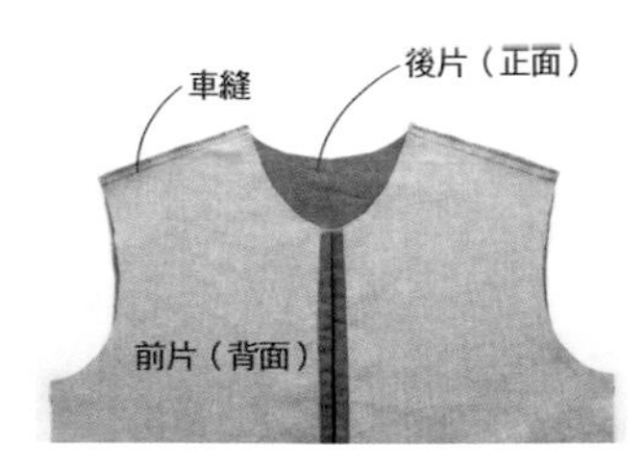
車縫
後片（正面）
前片（背面）

❷ 前片&後片正面相對疊合，車縫肩線。

身片（背面）

燙開肩線縫份。

3 接縫袖子

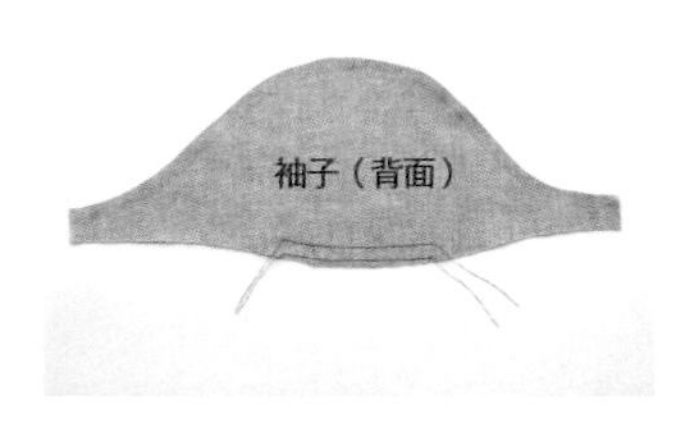
袖子（背面）

❶ 袖口縫製細褶的位置，以粗針目車縫。

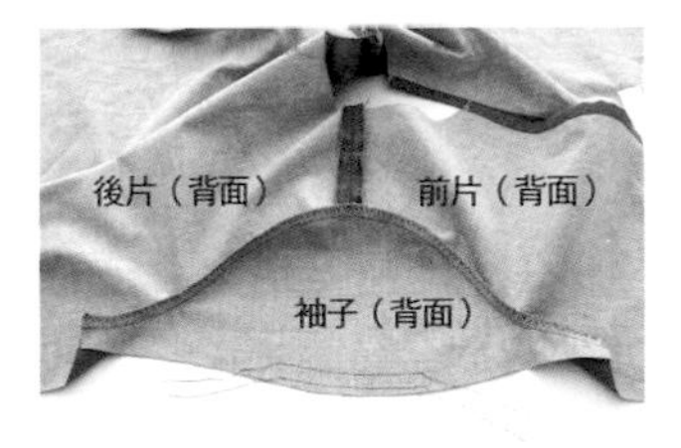
後片（背面）
前片（背面）
袖子（背面）

❷ 袖子&身片正面相對疊合車縫。兩片一起進行Z字形車縫，縫份倒向衣身側。

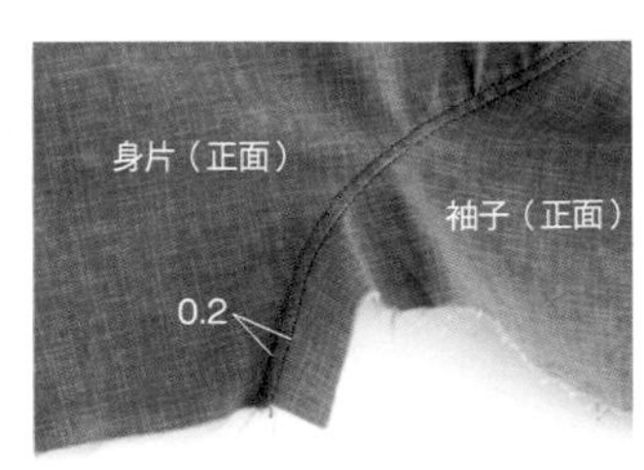
身片（正面）
袖子（正面）
0.2

❸ 身片正面邊端車縫，以壓線固定倒下的縫份。

4 車縫袖下到脇邊，處理下襬縫份

前片（背面）

❶ 前片＆後片正面相對疊合，車縫袖下到脇邊，處理縫份。

身片（背面）
脇邊
下襬縫份

❷ 下襬縫份處裁剪脇邊的部分。這樣摺疊時才會服貼好處理。

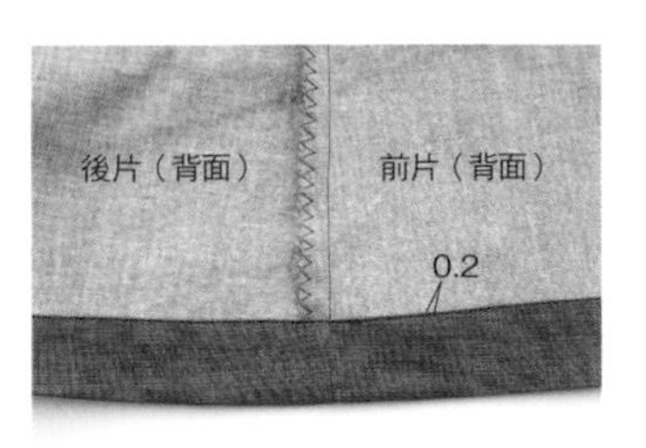
後片（背面）
前片（背面）
0.2

❸ 下襬依1cm→3cm寬度三摺邊，車縫邊端處。脇邊縫份倒向後側。

5 縫製袖口

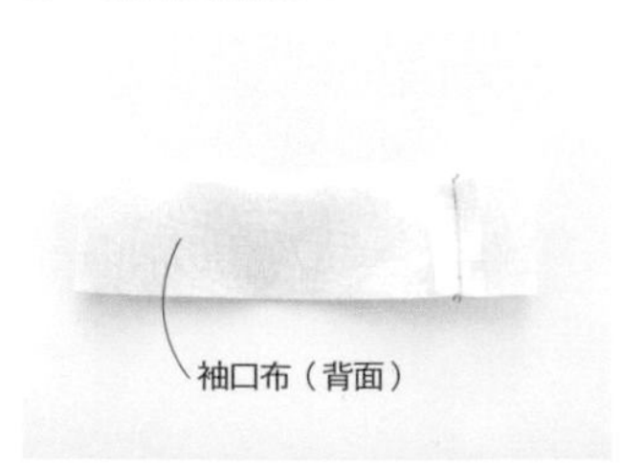
袖口布（背面）

❶ 袖口布參考P.43斜布條的裁剪，車縫邊端1cm處。燙開縫份。

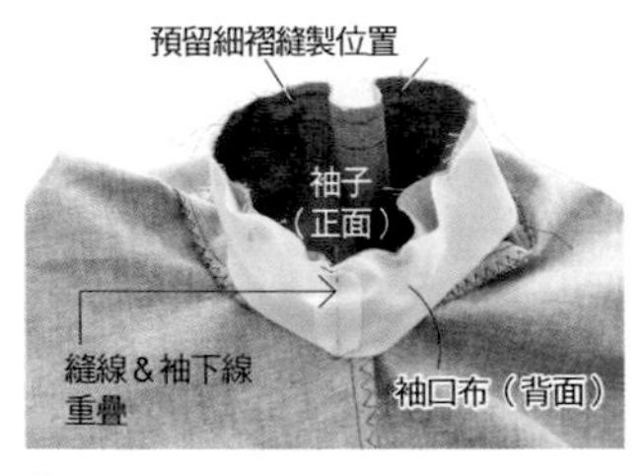
預留細褶縫製位置
袖子（正面）
縫線＆袖下線重疊
袖口布（背面）

❷ 袖口布＆袖口重疊，以珠針固定。

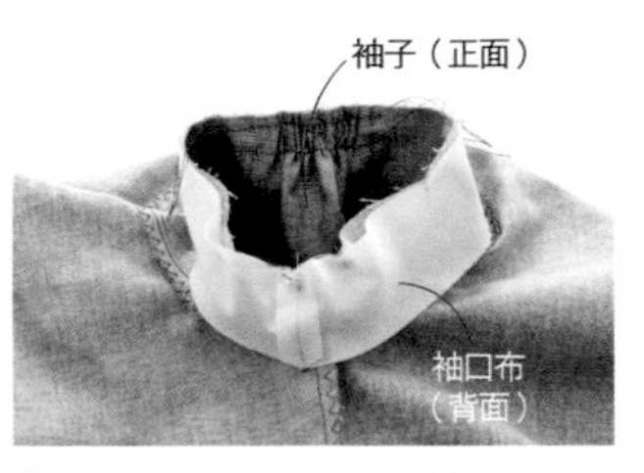
袖子（正面）
袖口布（背面）

❸ 配合袖口布的尺寸平均抽拉細褶。

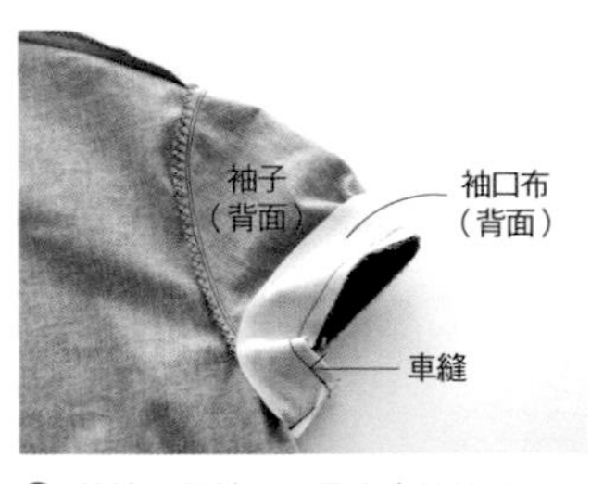
袖子（背面）
袖口布（背面）
車縫

❹ 將袖子與袖口布疊合車縫縫份1cm處。

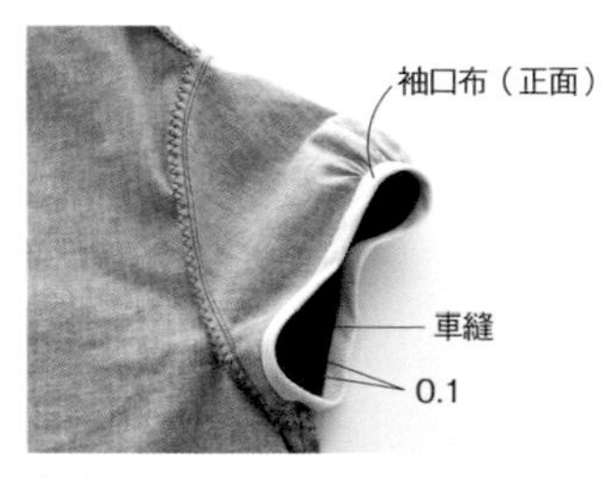
袖口布（正面）
車縫
0.1

❺ 袖口布翻回正面，包捲袖口摺疊兩次，車縫固定袖子。

6 縫製領圍

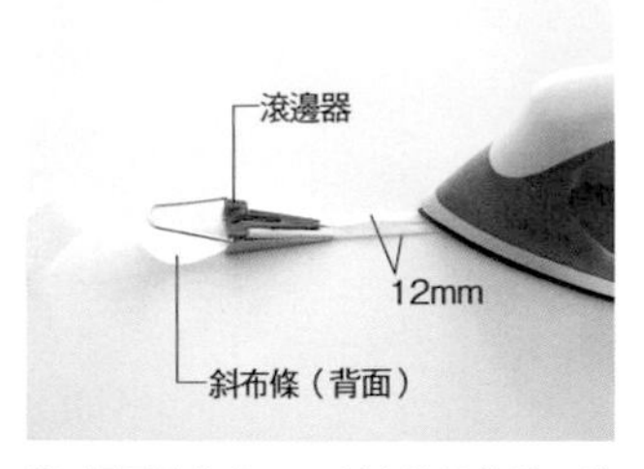
滾邊器
12mm
斜布條（背面）

❶ 領圍請參考P.43斜布條的裁剪，使用寬1.2cm滾邊器製作兩褶斜布條。

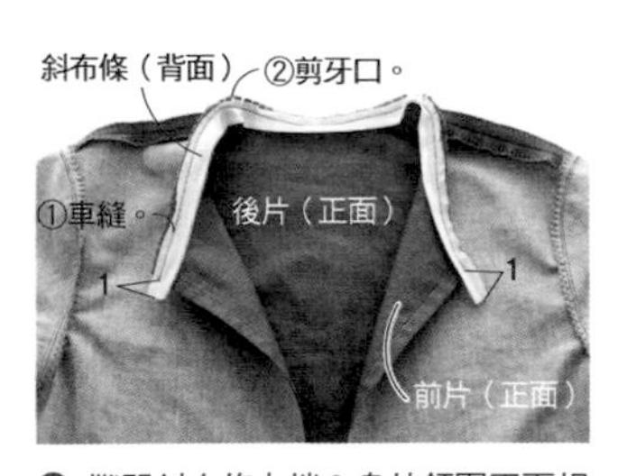
斜布條（背面）
②剪牙口。
①車縫。
後片（正面）
1
1
前片（正面）

❷ 攤開斜布條上端＆身片領圍正面相對疊合（斜布條兩側各自預留1cm後其餘裁剪）。從上側褶線處車縫。縫份部分需剪牙口。（注意不要裁剪到縫線）。

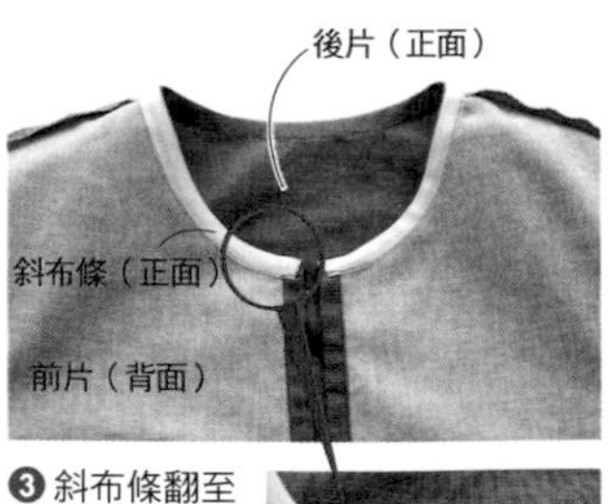
後片（正面）
斜布條（正面）
前片（背面）

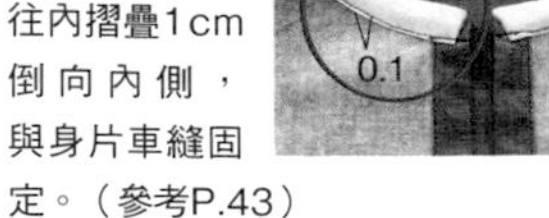
0.1

❸ 斜布條翻至正面，將兩側往內摺疊1cm倒向內側，與身片車縫固定。（參考P.43）

完成！

參考圖片，注意關鍵作法

★為了便於解說辨識，選用了顏色明顯的縫線&布料。

19 連身裙長外套的口袋製作

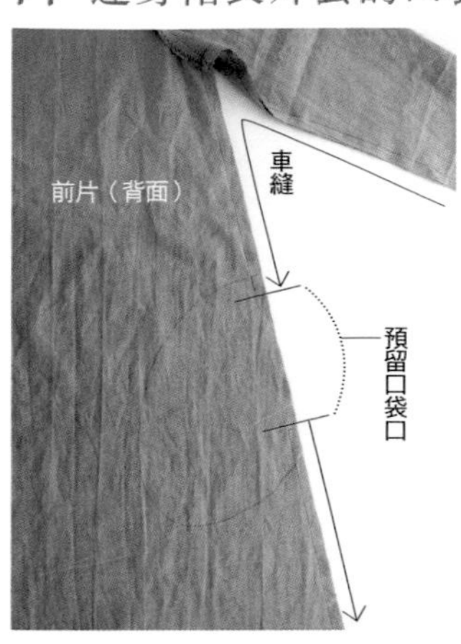

前片（背面）
車縫
預留口袋口

❶ 以記號筆描繪前片口袋形狀&合印記號。前&後片正面相對疊合，預留口袋口車縫袖下至脇邊線。

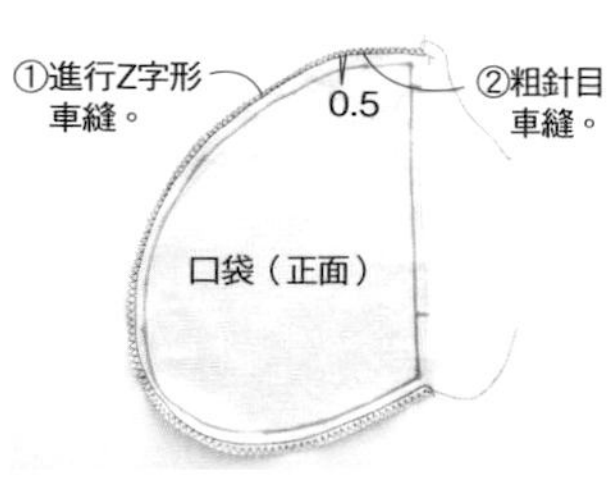

①進行Z字形車縫。
0.5
②粗針目車縫。
口袋（正面）

❷ 口袋弧線邊端進行Z字形車縫，以0.4cm的粗針目車縫縫份。

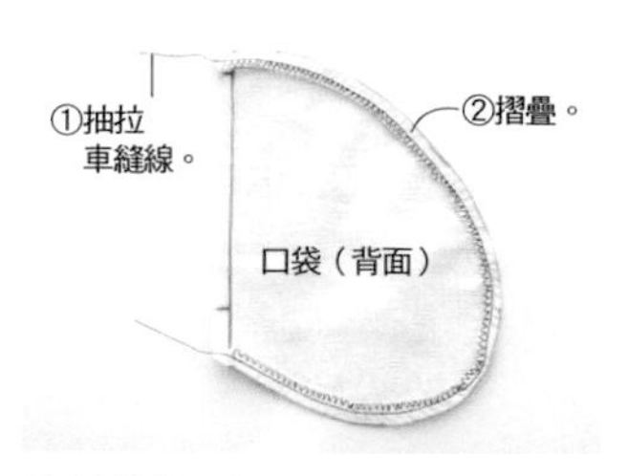

①抽拉車縫線。
②摺疊。
口袋（背面）

❸ 抽拉車縫線製作口袋弧線形狀，摺疊至完成線處，熨燙整理。

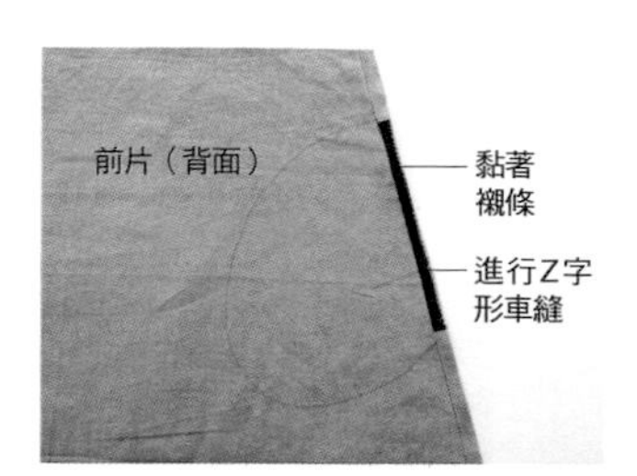

前片（背面）
黏著襯條
進行Z字形車縫

❹ 前片脇邊縫份的口袋口貼上黏著襯條（內側）。

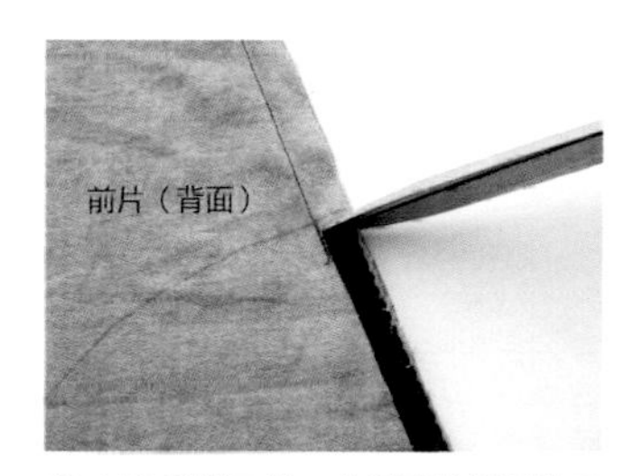

前片（背面）

❺ 前片脇邊口袋口止縫點的縫份剪牙口（後片不需剪牙口）。

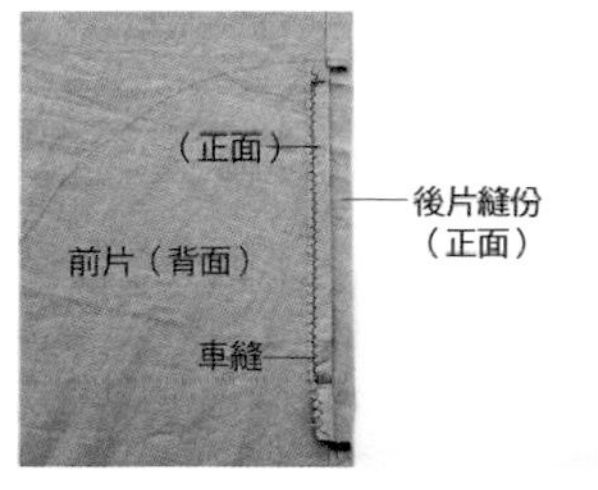

（正面）
後片縫份（正面）
前片（背面）
車縫

❻ 攤開步驟❺剪開的牙口，倒向前片側，將開口的縫份車縫固定。（避開後片）。

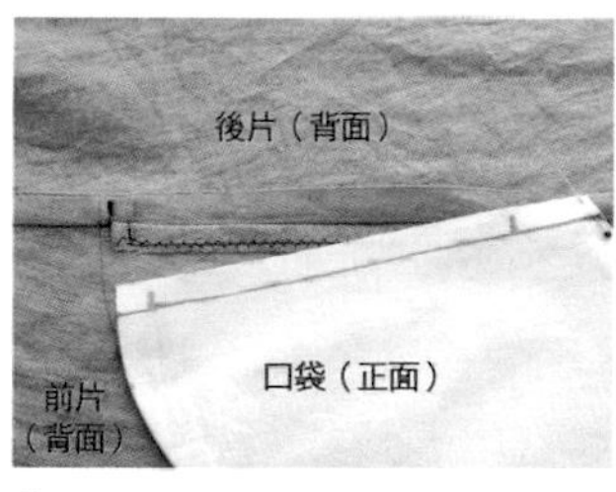

後片（背面）
口袋（正面）
前片（背面）

❼ 攤開口袋口&脇邊縫份的身片，重疊後片口袋口縫份&口袋車縫固定。

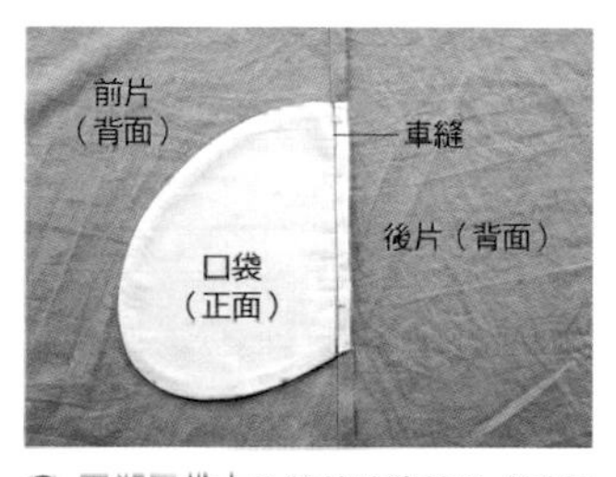

前片（背面）
車縫
後片（背面）
口袋（正面）

❽ 車縫口袋布&後片脇邊縫份（避開後片）。

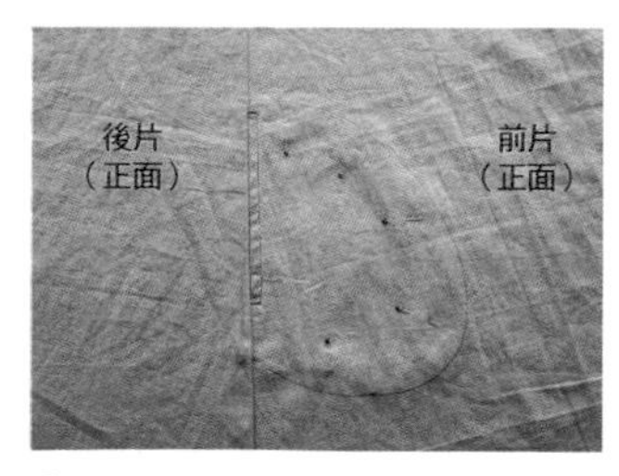

後片（正面）
前片（正面）

❾ 前片正面沿著口袋輪廓以珠針固定，將口袋固定在前片上。

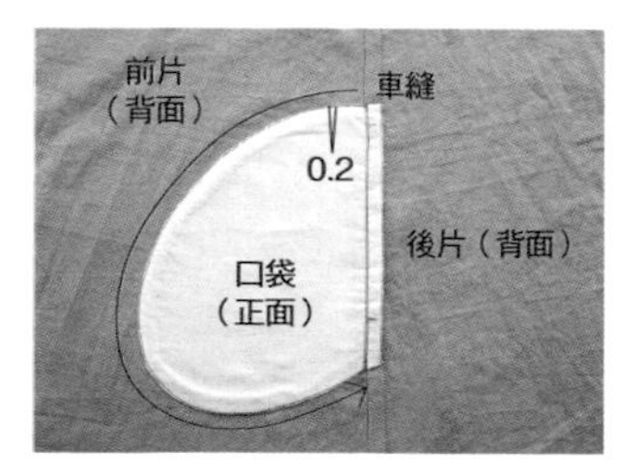

前片（背面）
車縫
0.2
口袋（正面）
後片（背面）

❿ 車縫口袋邊端固定在前片上。

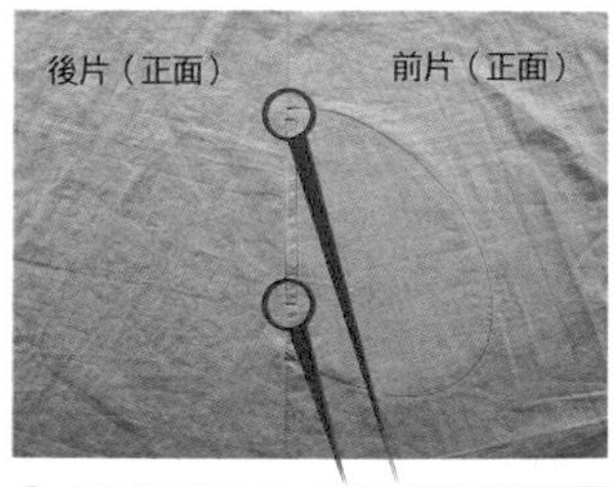

後片（正面）
前片（正面）

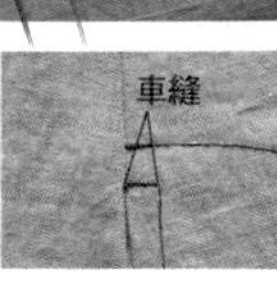

車縫

⓫ 從正面重疊口袋口止點車縫，加以補強固定。

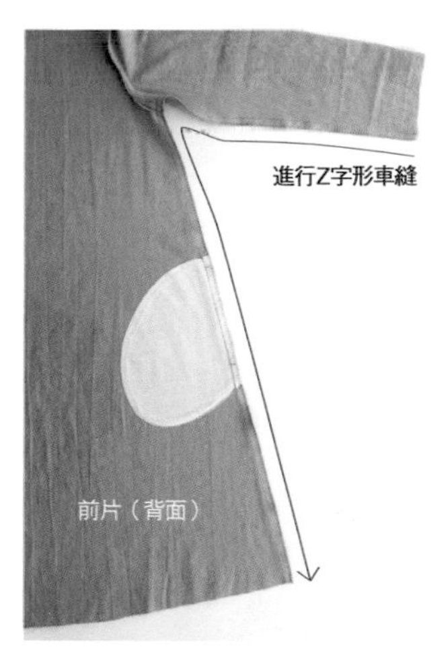

進行Z字形車縫
前片（背面）

⓬ 從袖下到下襬，進行Z字形車縫。

參考圖片，注意關鍵作法

★為了便於解說辨識，選用了顏色明顯的縫線＆布料。

16 牛仔七分寬版褲的口袋製作

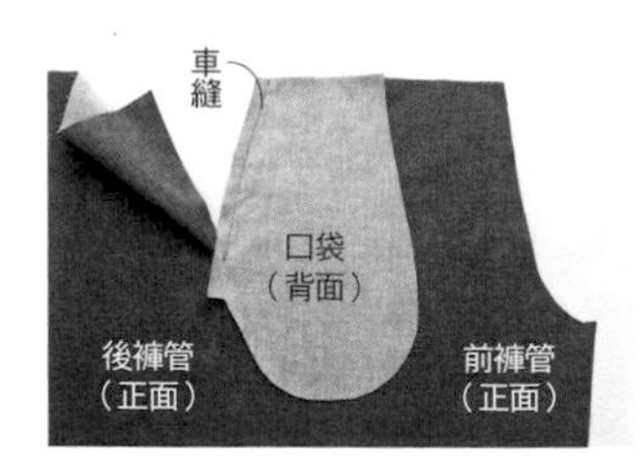
車縫
口袋
（背面）
後褲管
（正面）
前褲管
（正面）

❶ 車縫預留口袋口的前褲管脇邊後，與口袋正面相對疊合，車縫至止縫點為止（避開後褲管）。

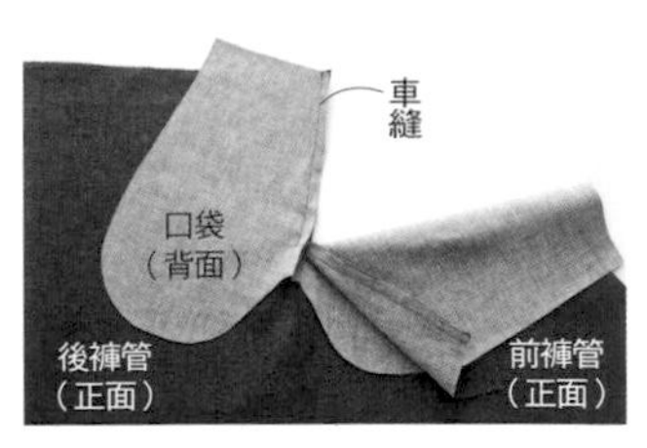
車縫
口袋
（背面）
後褲管
（正面）
前褲管
（正面）

❷ 後褲管與另一片口袋正面相對疊合，避開前褲管車縫至止縫點為止。

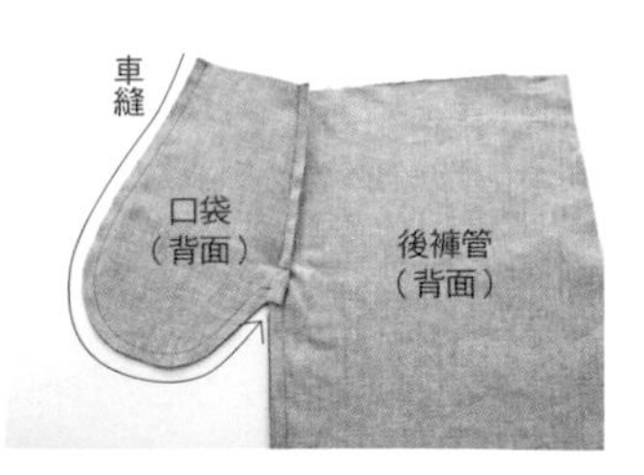
車縫
口袋
（背面）
後褲管
（背面）

❸ 褲管翻至正面，兩片口袋正面相對疊合車縫四周。

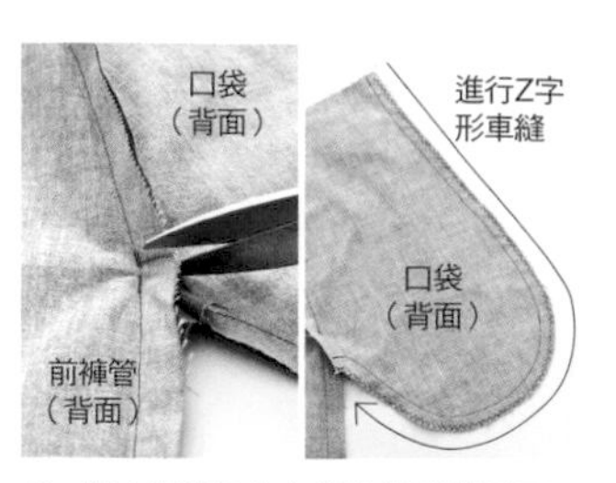
口袋
（背面）
進行Z字形車縫
口袋
（背面）
前褲管
（背面）

❹ 前褲管縫份的止縫點位置剪牙口。縫份倒向後褲管側。口袋邊端縫份進行Z字形車縫。

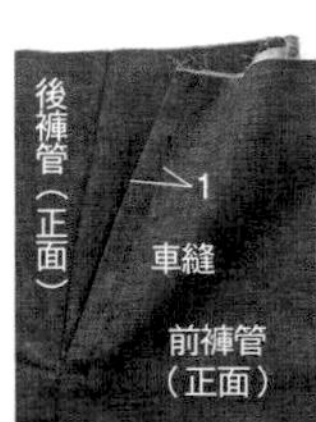
進行Z字形車縫
口袋
（背面）
前褲管
（背面）

❺ 褲管口袋與脇邊到下襬一起進行Z字形車縫（避開口袋口注意不要車縫進去）。

後褲管（正面）
1
車縫
前褲管
（正面）
後褲管（正面）
車縫
前褲管
（正面）

❻ 避開對側的口袋，車縫口袋口固定。

❼ 對側的口袋一起重疊，車縫止縫點固定（反覆車縫兩次）。

13・14 A字裙的短冊開叉

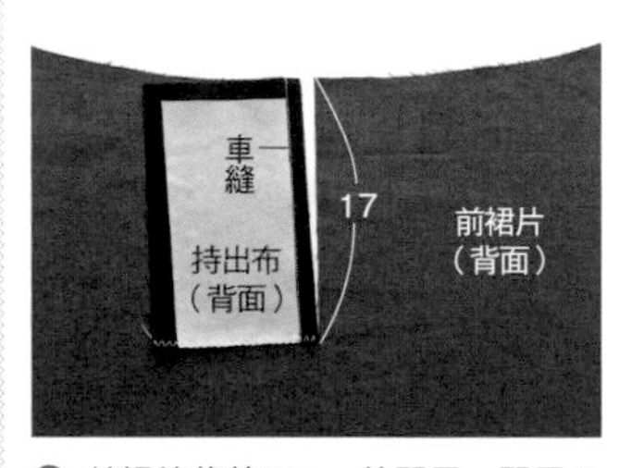
車縫
17
持出布
（背面）
前裙片
（背面）

❶ 前裙片裁剪17cm的開叉，開叉＆持出布邊端如圖片所示重疊車縫。

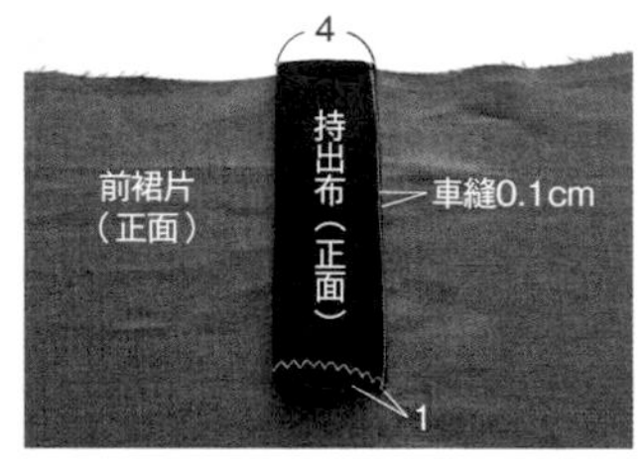
4
持出布（正面）
車縫0.1cm
前裙片
（正面）
1

❷ 裙片翻至正面，對摺持出布（摺進縫份）包捲開叉處，車縫邊端固定。

車縫
前裙片
（背面）
短冊布（背面）

❸ 裙片翻至背面，避開持出布部分，將短冊布放置在另一側車縫。

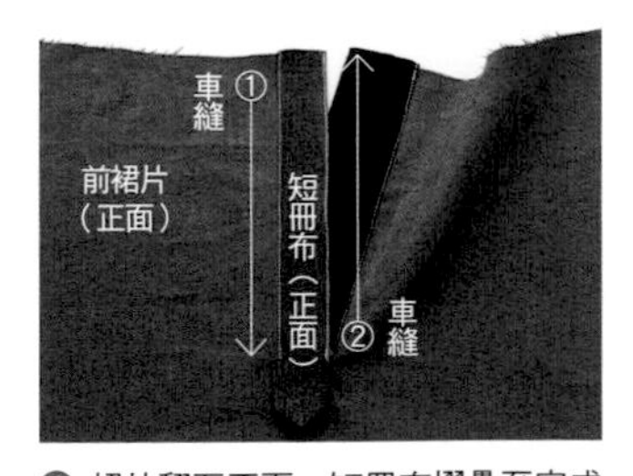
車縫①
前裙片
（正面）
短冊布（正面）
②車縫

❹ 裙片翻至正面，短冊布摺疊至完成線處包捲開叉，沿著邊端車縫至開叉止點為止（避開持出布部分）。

前裙片
（正面）

❺ 製作短冊布上的釦眼。

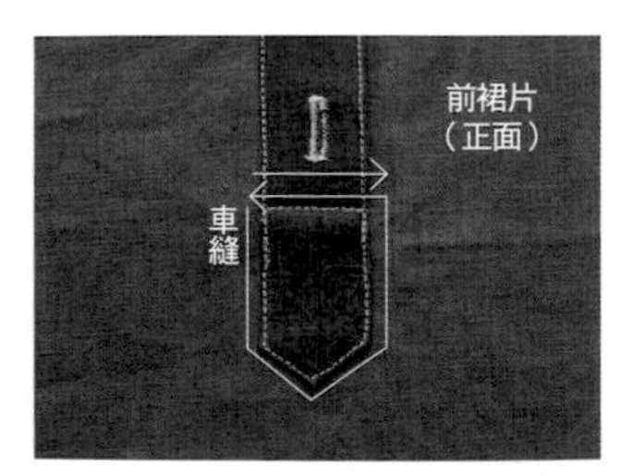
前裙片
（正面）
車縫

❻ 短冊布互相重疊，從正面車縫短冊布的邊端。

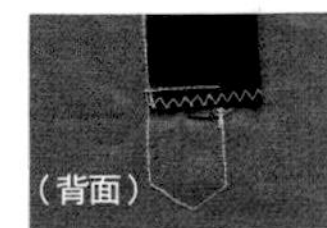
（背面）

10

開叉式開口連身裙

Photo…… p.15

❖完成尺寸（依S／M／L／LL順序）
胸圍……90/94/98/102cm
身長……95cm（4個尺寸相同）

❖材料（4個尺寸相同）
亞麻混丹寧布（古典藍）
……110cm×240cm

❖原寸紙型
[4面／D] 1-前片・2-後片・4-短袖

【裁布圖】

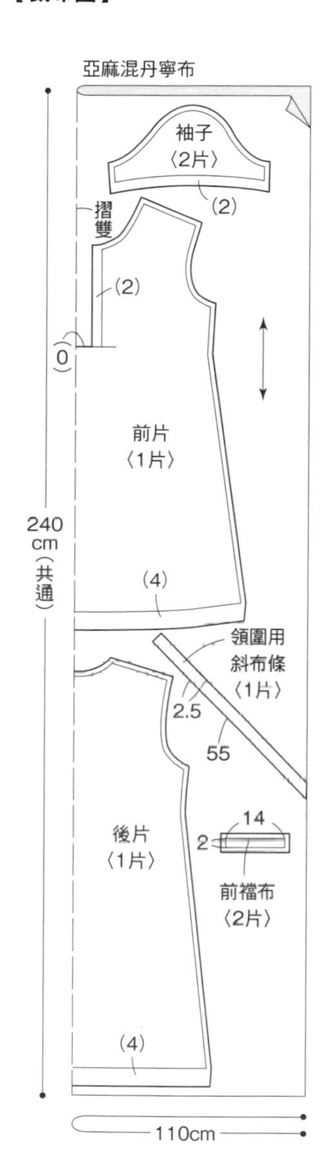

亞麻混丹寧布
袖子
〈2片〉
(2)
摺雙
(2)
0
前片
〈1片〉
240 cm（共通）
(4)
領圍用斜布條
〈1片〉
2.5
55
後片
〈1片〉
14
2
前襠布
〈2片〉
(4)
110cm

※（　）中的數字為縫份。除指定處之外，縫份皆為1cm。

【縫製順序】

準備　參考裁布圖裁剪布料
　　　前片作上開叉的記號
1　製作開叉
2　車縫肩線
3　接縫袖子
4　車縫袖下至脇邊，縫製下襬
5　縫製袖口
6　縫製領圍

※1至4・6請參考P.44至P.46步驟順序

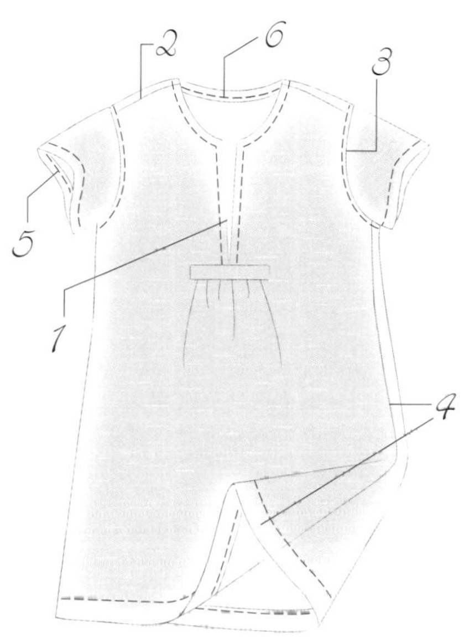

2
6
3
5
1
4

〈前片〉

〈後片〉

5　縫製袖口

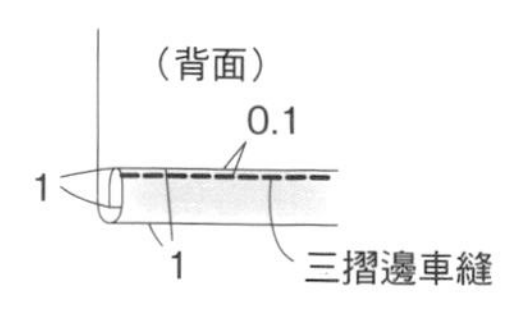

(背面)
0.1
1
1
三摺邊車縫

01

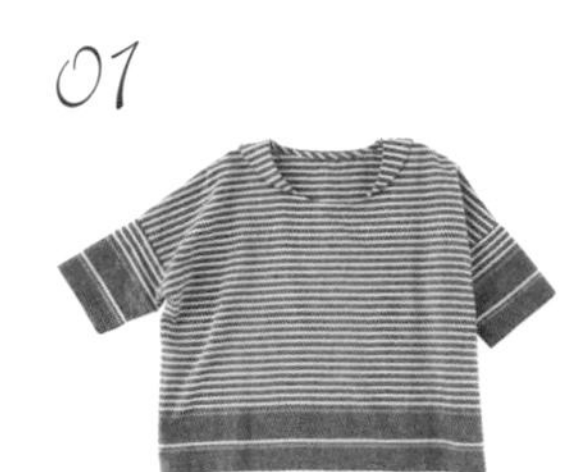

海軍領上衣

Photo…… p.4

❖**完成尺寸**（依S / M / L / LL順序）

胸圍…124/128/132/136cm

身長…60cm（4個尺寸相同）

❖**材料（4個尺寸相同）**

亞麻水洗丹寧布・兩側條紋圖案

……108cm×210cm

❖**原寸紙型**

[1面／A] 1-前片・後片・2-袖子・3-領子

【裁布圖】

【縫製順序】

準備 參考裁布圖裁剪布料，製作斜布條（參考P.46）

1 車縫肩線

2 製作領子

3 縫製領圍

4 接縫袖子

5 車縫袖下至脇邊

6 縫製袖口＆下襬

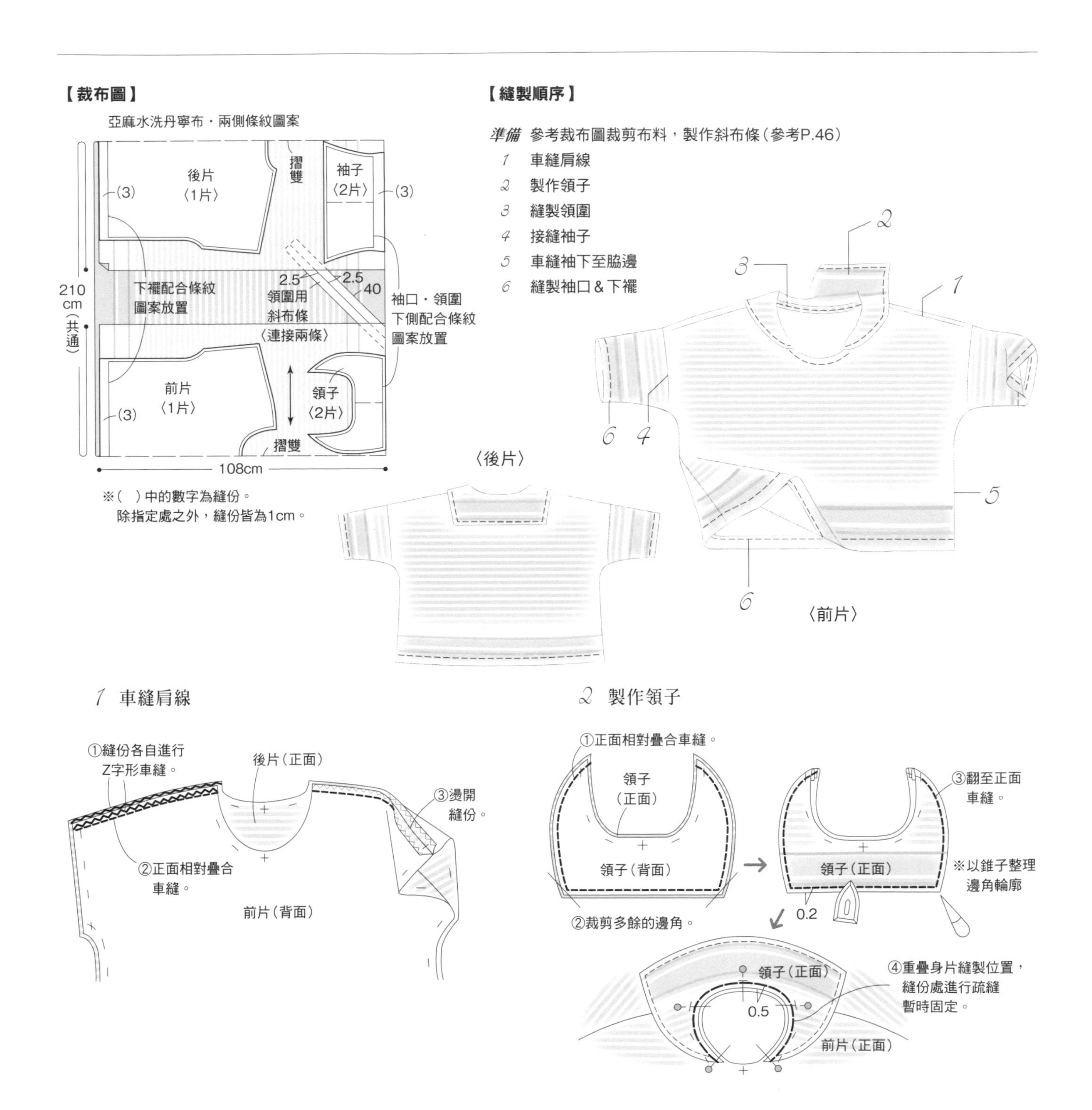

亞麻水洗丹寧布・兩側條紋圖案
後片〈1片〉
摺雙
袖子〈2片〉
(3)
(3)
210cm（共通）
下襬配合條紋圖案放置
2.5
2.5
40
領圍用斜布條〈連接兩條〉
袖口・領圍下側配合條紋圖案放置
前片〈1片〉
(3)
領子〈2片〉
摺雙
108cm
※( )中的數字為縫份。
除指定處之外，縫份皆為1cm。
〈後片〉
〈前片〉
1 車縫肩線
①縫份各自進行Z字形車縫。
後片（正面）
③燙開縫份。
②正面相對疊合車縫。
前片（背面）
2 製作領子
①正面相對疊合車縫。
領子（正面）
領子（背面）
②裁剪多餘的邊角。
③翻至正面車縫。
領子（正面）
※以錐子整理邊角輪廓
0.2
領子（正面）
0.5
④重疊身片縫製位置，縫份處進行疏縫暫時固定。
前片（正面）

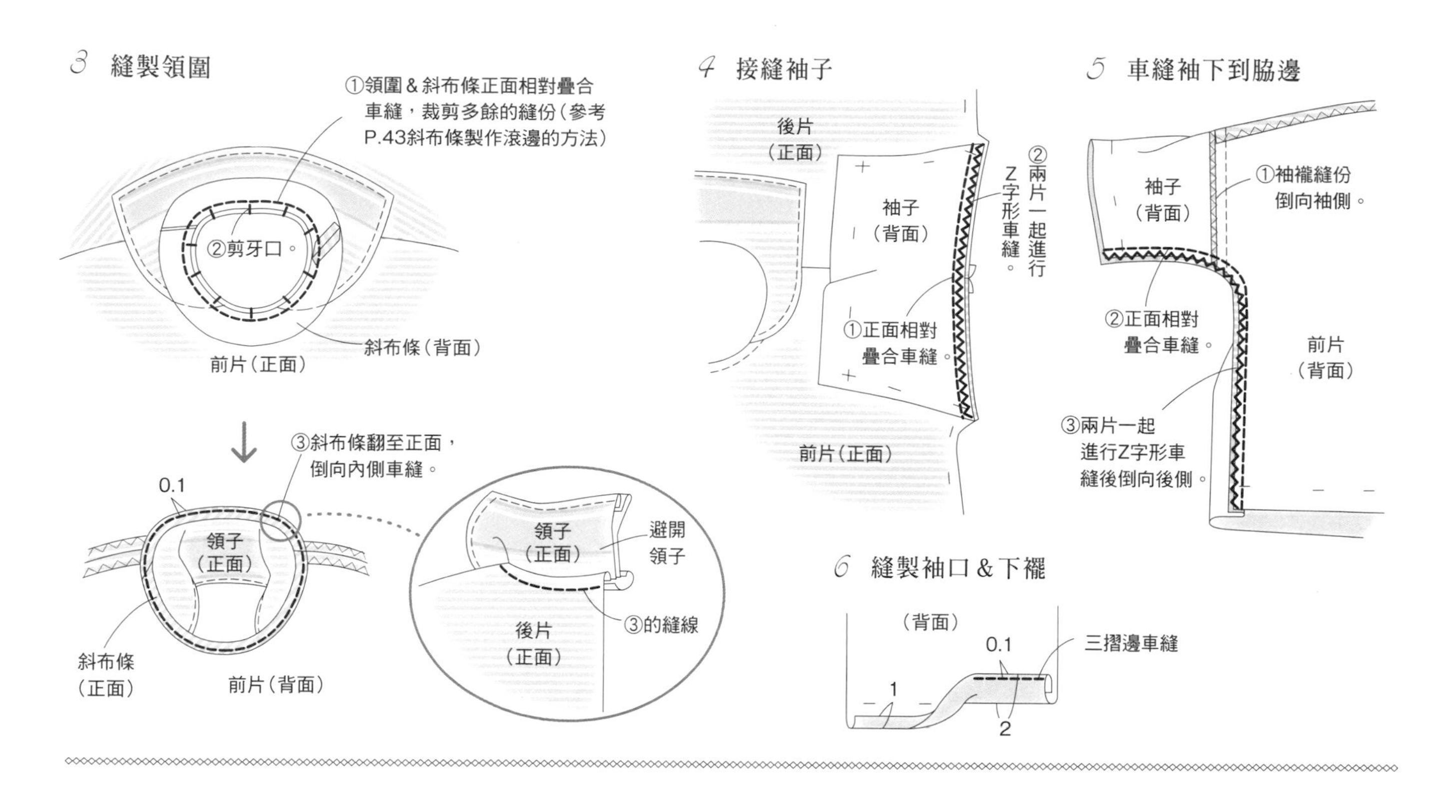
3 縫製領圍
①領圍&斜布條正面相對疊合車縫，裁剪多餘的縫份（參考P.43斜布條製作滾邊的方法）
②剪牙口。
斜布條（背面）
前片（正面）
③斜布條翻至正面，倒向內側車縫。
0.1
領子（正面）
斜布條（正面）
前片（背面）
領子（正面）
避開領子
③的縫線
後片（正面）
4 接縫袖子
後片（正面）
袖子（背面）
②兩片一起進行Z字形車縫。
①正面相對疊合車縫。
前片（正面）
5 車縫袖下到脇邊
袖子（背面）
①袖襱縫份倒向袖側。
②正面相對疊合車縫。
前片（背面）
③兩片一起進行Z字形車縫後倒向後側。
6 縫製袖口&下襬
（背面）
0.1
三摺邊車縫
1
2

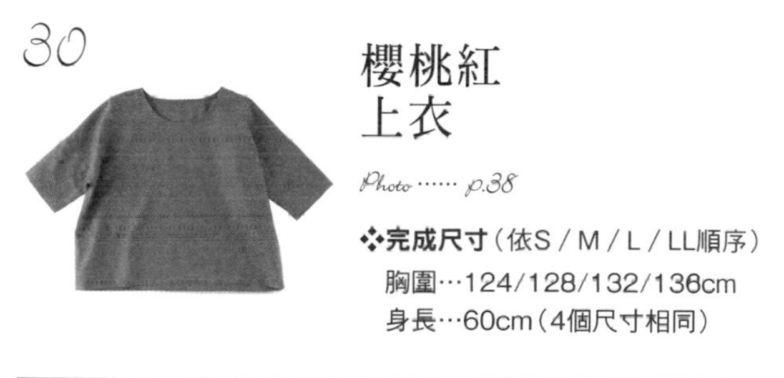

30 櫻桃紅上衣

Photo……p.38

❖完成尺寸（依S／M／L／LL順序）
胸圍…124/128/132/136cm
身長…60cm（4個尺寸相同）

❖材料（4個尺寸相同）
亞麻布（紅色）……105cm×160cm

❖原寸紙型
［1面／A］ 1-前片・後片・2-袖子

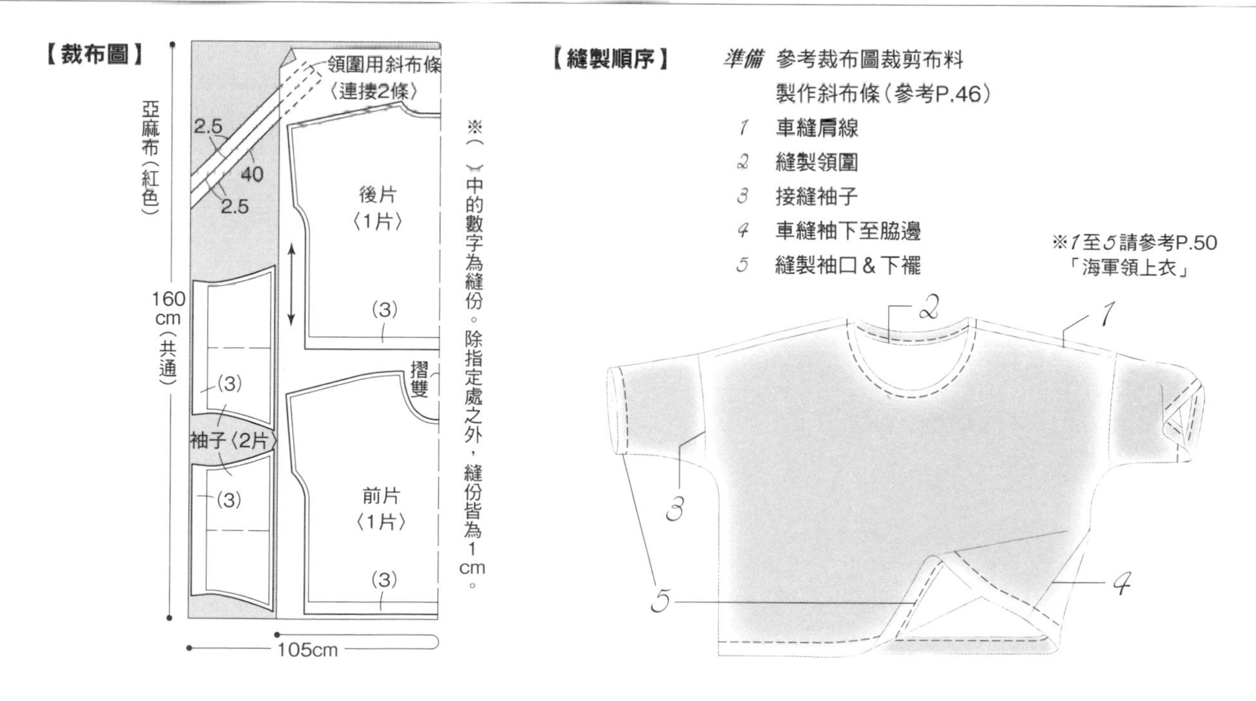
【裁布圖】
亞麻布（紅色）
領圍用斜布條〈連接2條〉
2.5
40
2.5
後片〈1片〉
(3)
摺雙
160cm（共通）
(3)
袖子〈2片〉
(3)
前片〈1片〉
(3)
105cm
※（ ）中的數字為縫份。除指定處之外，縫份皆為1cm。
2
1
3
4
5

【縫製順序】

準備 參考裁布圖裁剪布料
製作斜布條（參考P.46）
1 車縫肩線
2 縫製領圍
3 接縫袖子
4 車縫袖下至脇邊
5 縫製袖口&下襬

※1至5請參考P.50「海軍領上衣」

02

細褶寬版上衣

Photo …… p.6

❖完成尺寸（依S／M／L／LL順序）
胸圍……136/140/144/148cm
身長……64cm（4個尺寸相同）

❖材料（4個尺寸相同）
LIBERTY印花布・Pepper
……110cm×250cm

❖原寸紙型
［2面／B］ 1-前片・2-後片・3-袖子

【裁布圖】

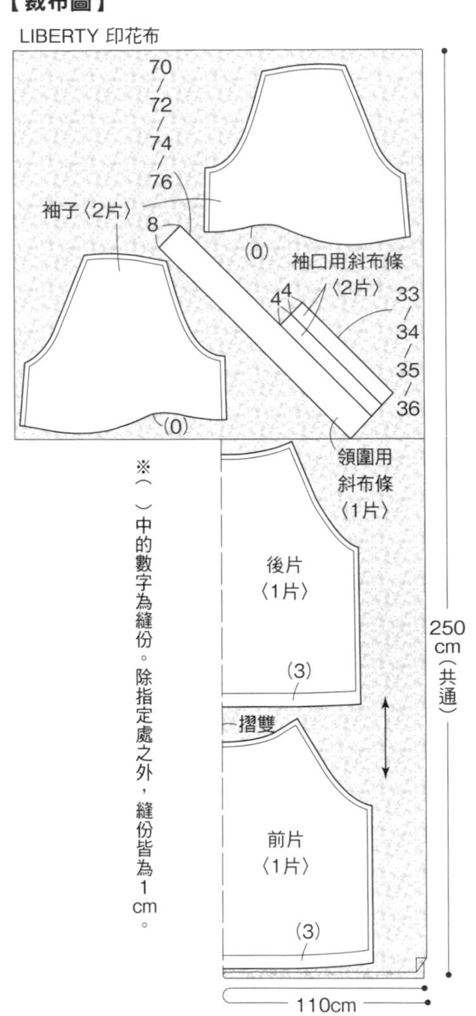

LIBERTY 印花布
70/72/74/76
袖子〈2片〉
8
(0)
袖口用斜布條〈2片〉
4
4
33/34/35/36
(0)
領圍用斜布條〈1片〉
後片〈1片〉
(3)
摺雙
前片〈1片〉
(3)
250cm（共通）
110cm
※（ ）中的數字為縫份。除指定處之外，縫份皆為1cm。

【縫製順序】

準備 參考裁布圖裁剪布料
1 接縫袖子
2 車縫袖下至脇邊
3 製作領子
4 身片＆袖子抽細褶，接縫領子
5 縫製袖口
6 縫製下襬

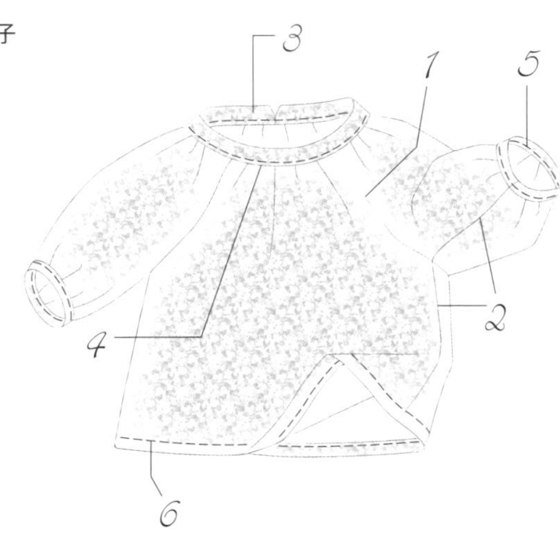

3
1
5
2
4
6

1 接縫袖子

2 車縫袖下至脇邊

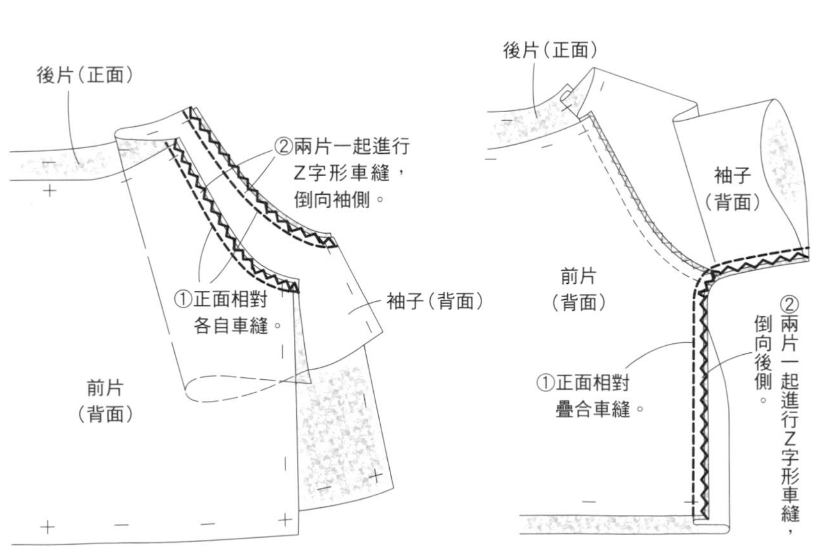

後片（正面）
②兩片一起進行Z字形車縫，倒向袖側。
①正面相對各自車縫。
袖子（背面）
前片（背面）
後片（正面）
袖子（背面）
前片（背面）
①正面相對疊合車縫。
②兩片一起進行Z字形車縫，倒向後側。

3 製作領子

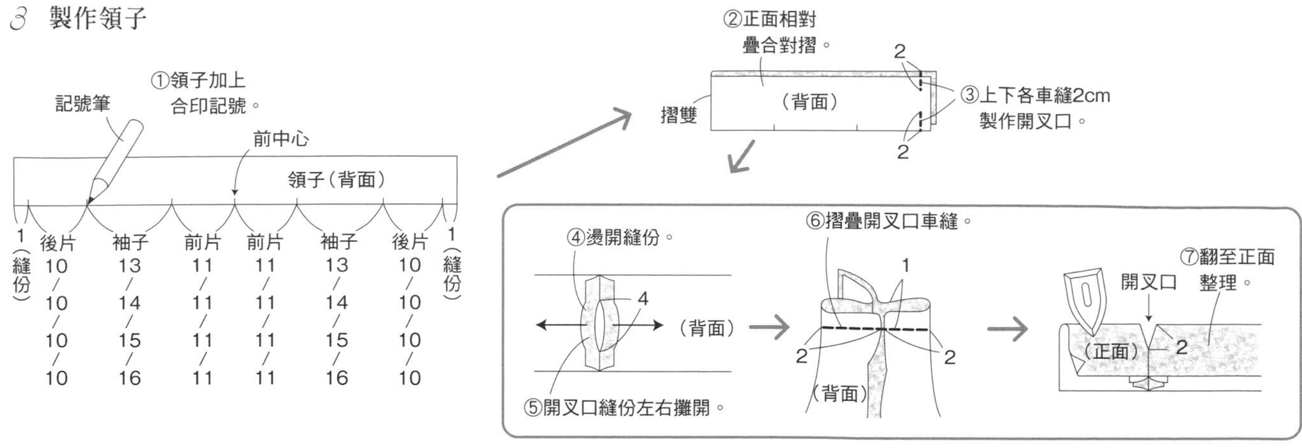

①領子加上
合印記號。
記號筆
前中心
領子（背面）
1（縫份）
後片 10/10/10/10
袖子 13/14/15/16
前片 11/11/11/11
前片 11/11/11/11
袖子 13/14/15/16
後片 10/10/10/10
1（縫份）
②正面相對
疊合對摺。
摺雙
（背面）
2
2
③上下各車縫2cm
製作開叉口。
④燙開縫份。
4
（背面）
⑤開叉口縫份左右攤開。
⑥摺疊開叉口車縫。
1
2
2
（背面）
⑦翻至正面
整理。
開叉口
（正面）
2

4 身片＆袖子抽細褶，接縫領子

5 縫製袖口

6 縫製下襬

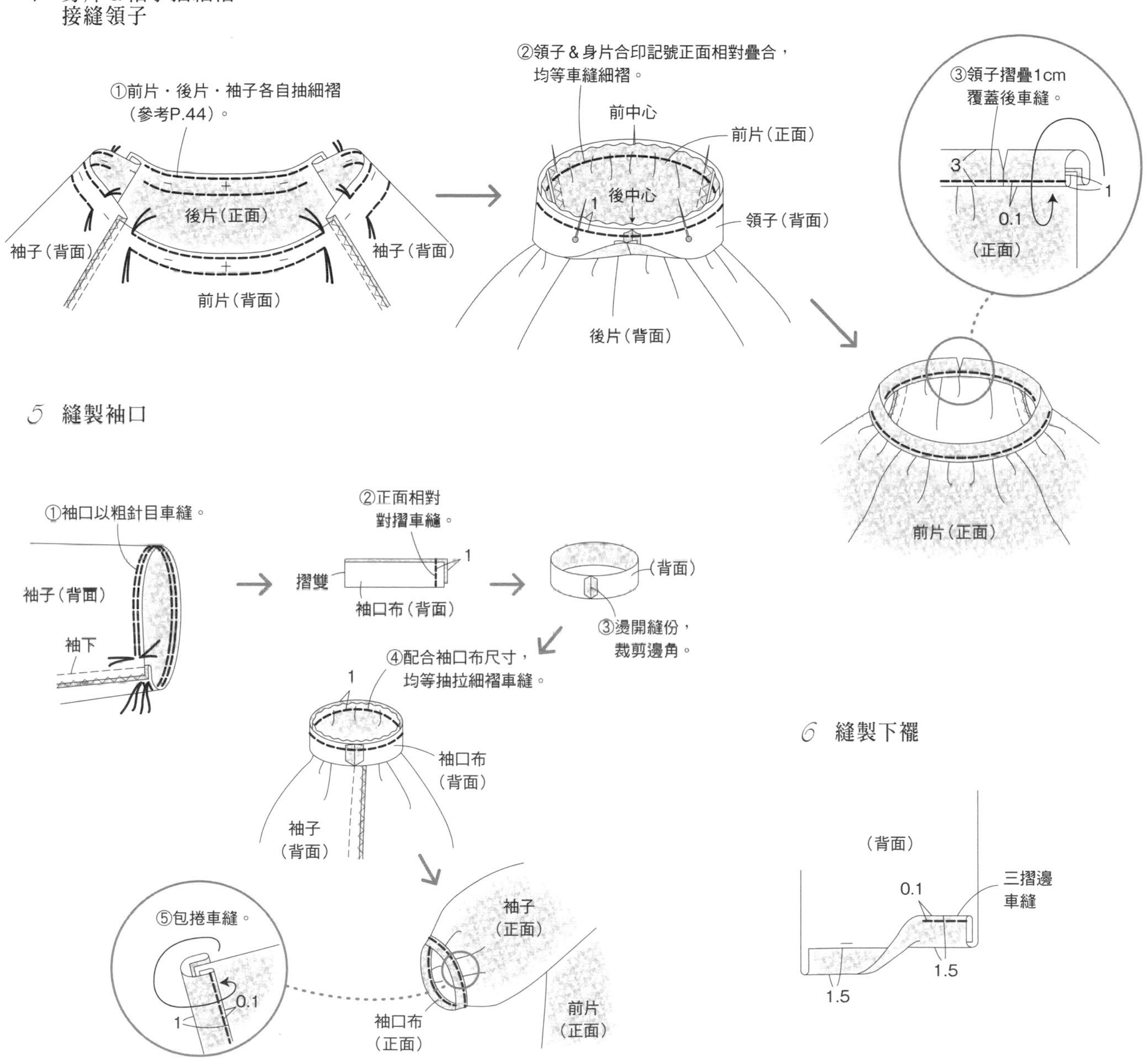

①前片・後片・袖子各自抽細褶
（參考P.44）。
後片（正面）
袖子（背面）
袖子（背面）
前片（背面）
②領子＆身片合印記號正面相對疊合，
均等車縫細褶。
前中心
前片（正面）
後中心
1
領子（背面）
後片（背面）
③領子摺疊1cm
覆蓋後車縫。
3
0.1
1
（正面）
前片（正面）
①袖口以粗針目車縫。
袖子（背面）
袖下
②正面相對
對摺車縫。
摺雙
1
袖口布（背面）
（背面）
③燙開縫份，
裁剪邊角。
④配合袖口布尺寸，
均等抽拉細褶車縫。
1
袖口布
（背面）
袖子
（背面）
⑤包捲車縫。
0.1
1
袖子
（正面）
袖口布
（正面）
前片
（正面）
（背面）
0.1
三摺邊
車縫
1.5
1.5

11

抽褶連身裙

Photo…… p.16

❖完成尺寸（依S / M / L / LL順序）

胸圍……136/140/144/148cm

身長……104cm（4個尺寸相同）

❖材料（4個尺寸相同）

LIBERTY印花布・Richard & Lyla

……110cm×330cm

❖原寸紙型

[2面／B]　1-前片・2-後片・3-袖子

【裁布圖】

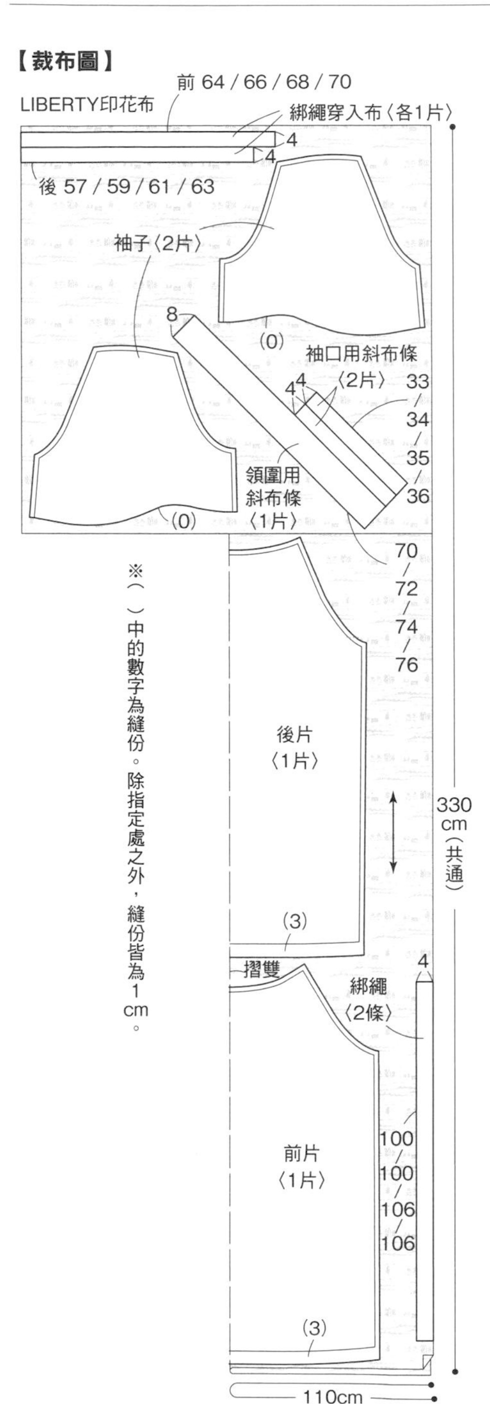

前 64 / 66 / 68 / 70
LIBERTY印花布
綁繩穿入布〈各1片〉
4
4
後 57 / 59 / 61 / 63
袖子〈2片〉
8
(0)
袖口用斜布條
〈2片〉
4
4
33 / 34 / 35 / 36
領圍用
斜布條
〈1片〉
(0)
70 / 72 / 74 / 76
後片
〈1片〉
330cm（共通）
(3)
摺雙
4
綁繩
〈2條〉
前片
〈1片〉
100 / 100 / 106 / 106
(3)
110cm
※（ ）中的數字為縫份。除指定處之外，縫份皆為1cm。

【縫製順序】

準備　參考裁布圖裁剪布料

在身片上描繪綁繩位置

1　製作綁繩

2　製作綁繩穿入布

3　接縫袖子

4　車縫袖下至脇邊

5　製作領子

6　抽拉身片＆袖子細褶

接縫領子

7　縫製袖口

8　縫製下襬

9　穿過綁繩

※3至8請參考P.52至53

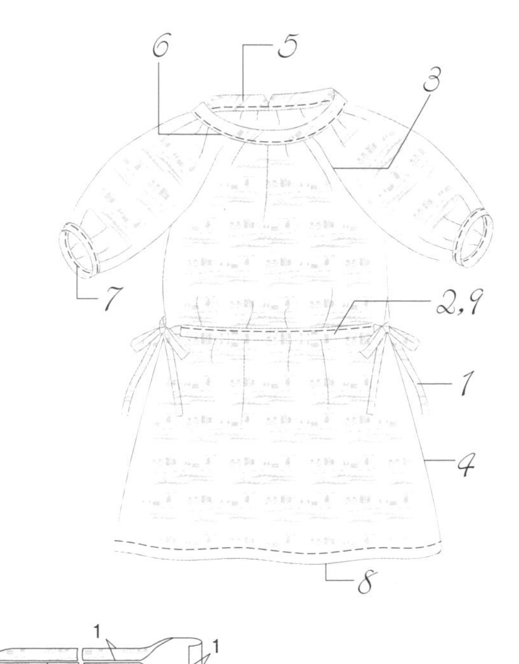

6
5
3
7
2,9
1
4
8

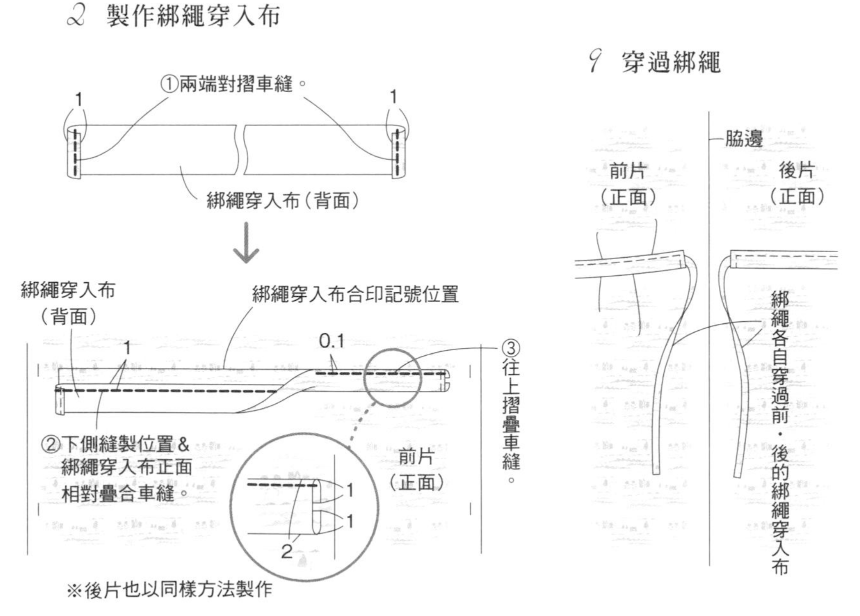

1 製作綁繩
綁繩（正面）
1
1
1
1
0.1
依圖示摺疊後車縫
※製作兩條
2 製作綁繩穿入布
①兩端對摺車縫。
1
1
綁繩穿入布（背面）
綁繩穿入布
（背面）
綁繩穿入布合印記號位置
1
0.1
③往上摺疊車縫。
②下側縫製位置＆
綁繩穿入布正面
相對疊合車縫。
前片
（正面）
1
1
2
※後片也以同樣方法製作
9 穿過綁繩
脇邊
前片
（正面）
後片
（正面）
綁繩各自穿過前・後的綁繩穿入布

03

開襟上衣

Photo…… p.8

❖完成尺寸（依S／M／L／LL順序）
胸圍……136/140/144/148cm
身長……64cm（4個尺寸相同）

❖材料（4個尺寸相同）
棉沙典布・圓點圖案……108cm×240cm
黏著襯……10×90cm
直徑1.1cm鈕釦……6個

❖原寸紙型
[2面／B] 1-前片・2-後片・3-袖子・4-領子

【裁布圖】

【縫製順序】

準備 參考裁布圖裁剪布料，
裡領貼上黏著襯

1 接縫袖子
2 車縫袖下至脇邊
3 縫製前襟＆下襬
4 製作領子
5 身片＆袖子抽細褶，接縫領子
6 縫製袖口
7 製作釦眼，縫製鈕釦

※1・2・6請參考P.52至53。7請參考P.43

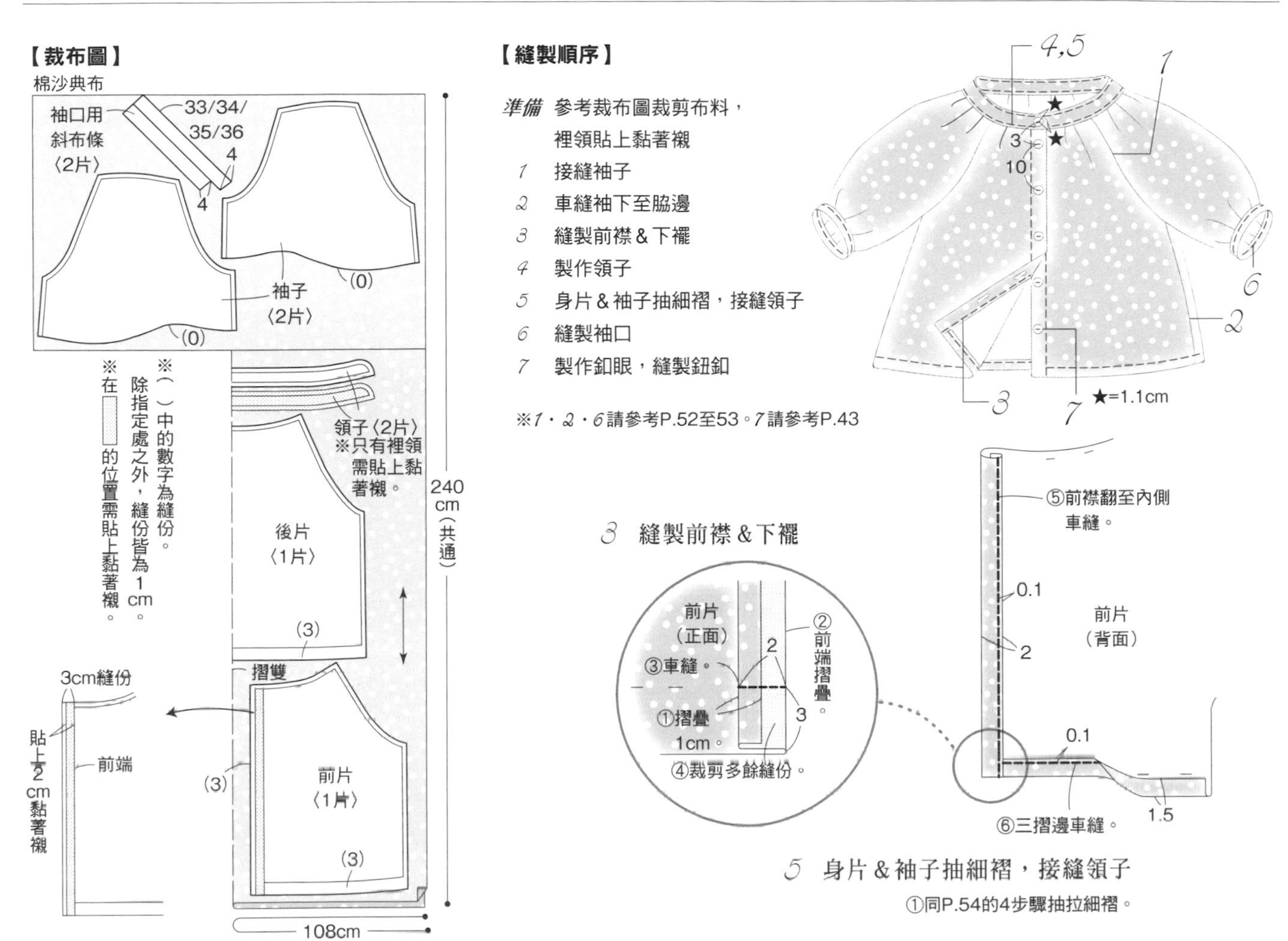

棉沙典布
袖口用
斜布條
〈2片〉
33/34/
35/36
4
4
袖子
〈2片〉
(0)
(0)
※( )中的數字為縫份。除指定處之外，縫份皆為1cm。
※在▢的位置需貼上黏著襯。
領子〈2片〉
※只有裡領
需貼上黏
著襯。
240
cm
(共通)
後片
〈1片〉
(3)
摺雙
前片
〈1片〉
(3)
(3)
108cm
3cm縫份
貼上2cm黏著襯
前端
4,5
1
★
★
3
10
6
2
3
7
★=1.1cm
3 縫製前襟＆下襬
前片
(正面)
③車縫。
①摺疊
1cm。
②前端摺疊。
2
3
④裁剪多餘縫份。
⑤前襟翻至內側
車縫。
0.1
前片
(背面)
2
0.1
⑥三摺邊車縫。
1.5

4 製作領子

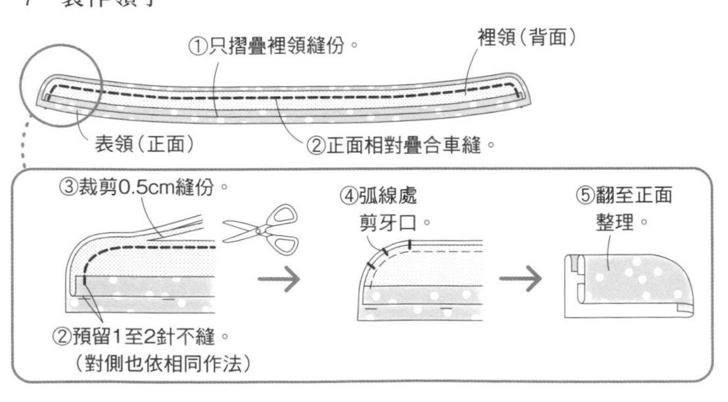

①只摺疊裡領縫份。
裡領(背面)
表領(正面)
②正面相對疊合車縫。
③裁剪0.5cm縫份。
②預留1至2針不縫。
(對側也依相同作法)
④弧線處
剪牙口。
⑤翻至正面
整理。

5 身片＆袖子抽細褶，接縫領子

①同P.54的4步驟抽拉細褶。

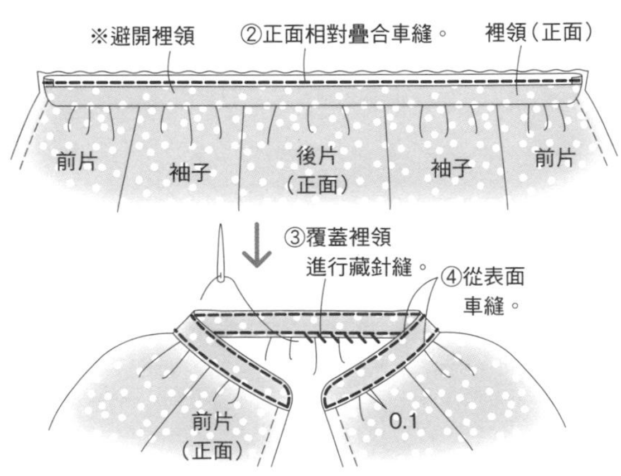

※避開裡領
②正面相對疊合車縫。
裡領(正面)
前片
袖子
後片
(正面)
袖子
前片
③覆蓋裡領
進行藏針縫。
④從表面
車縫。
前片
(正面)
0.1

05

V領長版上衣

Photo …… p.10

❖完成尺寸（依S／M／L／LL順序）
胸圍……95/99/103/107cm
身長……83cm（4個尺寸相同）

❖材料（4個尺寸相同）
亞麻布（深藍）……112cm×200cm
黏著襯……40cm×50cm

❖原寸紙型
[3面／C] 1-前片・2-後片・3-前裙片・4-後裙片・5-前貼邊・6-後貼邊

【裁布圖】

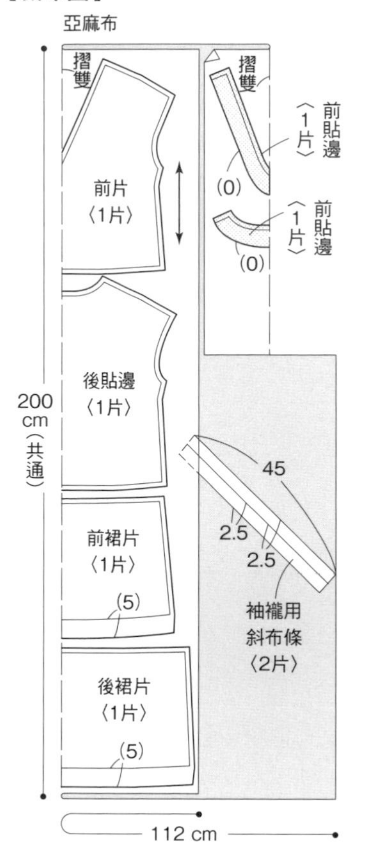

亞麻布
摺雙
前片〈1片〉
後貼邊〈1片〉
前裙片〈1片〉
(5)
後裙片〈1片〉
(5)
前貼邊〈1片〉
(0)
45
2.5
2.5
袖襱用斜布條〈2片〉
200cm（共通）
112 cm

※（ ）中的數字為縫份。除指定處之外，縫份皆為1cm。
※在▭的位置需貼上黏著襯。

【縫製順序】

準備 參考裁布圖裁剪布料，貼邊貼上黏著襯
製作斜布條（參考P.46）

1. 車縫肩線
2. 製作貼邊
3. 接縫貼邊
4. 縫製袖襱
5. 接縫身片＆裙片
6. 車縫脇邊
7. 縫製下襬

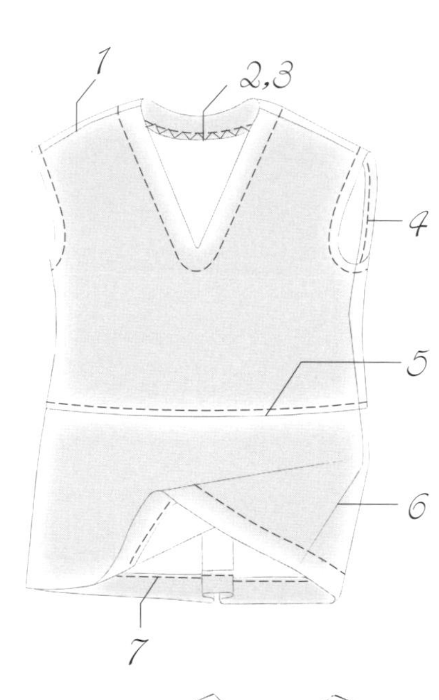

1
2,3
4
5
6
7
〈前片〉
5
〈後片〉

1 車縫肩線

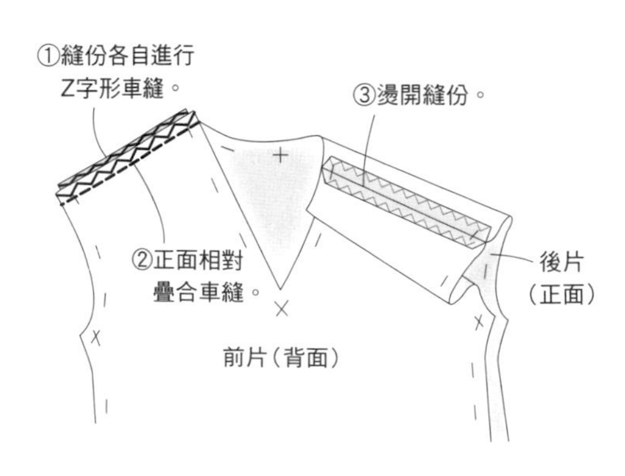

①縫份各自進行Z字形車縫。
②正面相對疊合車縫。
③燙開縫份。
後片（正面）
前片（背面）

2 製作貼邊

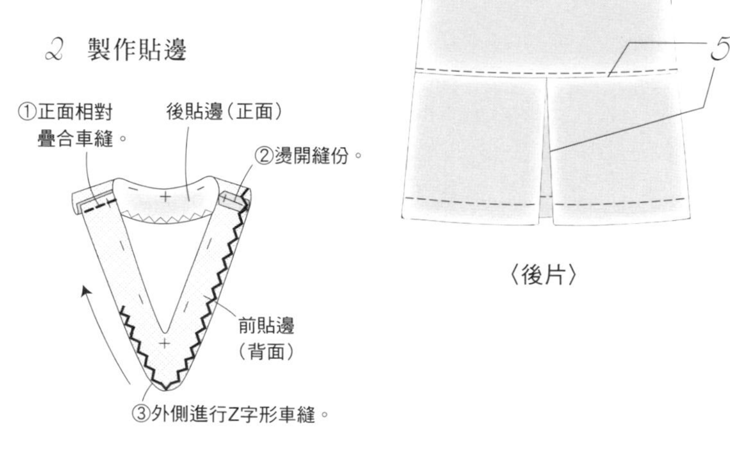

①正面相對疊合車縫。
後貼邊（正面）
②燙開縫份。
前貼邊（背面）
③外側進行Z字形車縫。

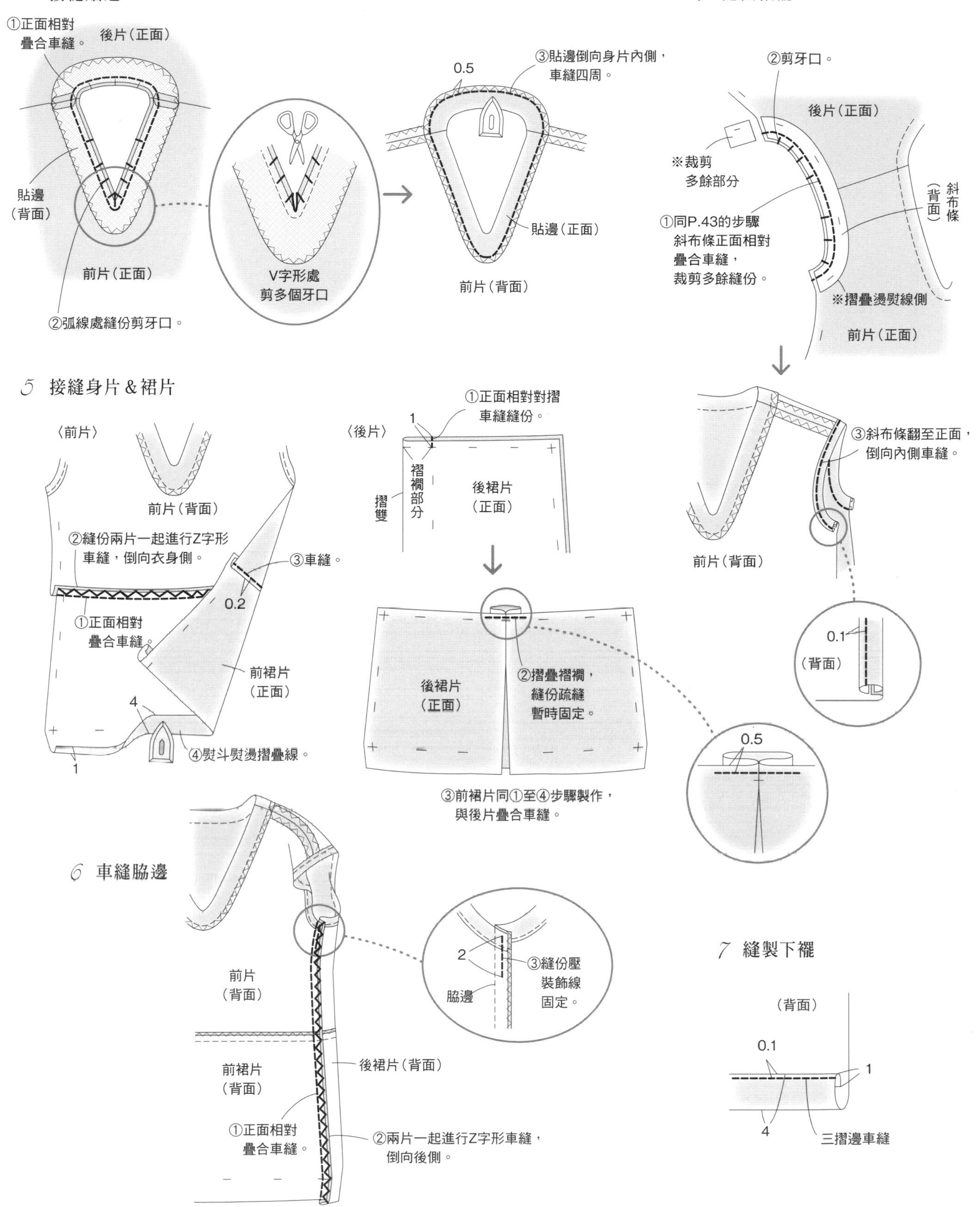
接縫貼邊
①正面相對
疊合車縫。
後片(正面)
貼邊
(背面)
前片(正面)
②弧線處縫份剪牙口。
V字形處
剪多個牙口
0.5
③貼邊倒向身片內側，
車縫四周。
貼邊(正面)
前片(背面)
4 縫製袖襱
②剪牙口。
後片(正面)
※裁剪
多餘部分
①同P.43的步驟
斜布條正面相對
疊合車縫，
裁剪多餘縫份。
斜布條(背面)
※摺疊燙熨線側
前片(正面)
③斜布條翻至正面，
倒向內側車縫。
前片(背面)
0.1
(背面)
0.5
5 接縫身片&裙片
〈前片〉
前片(背面)
②縫份兩片一起進行Z字形
車縫，倒向衣身側。
③車縫。
0.2
①正面相對
疊合車縫。
前裙片
(正面)
4
1
④熨斗熨燙摺疊線。
①正面相對對摺
車縫縫份。
1
〈後片〉
摺襉部分
摺雙
後裙片
(正面)
後裙片
(正面)
②摺疊褶襉，
縫份疏縫
暫時固定。
③前裙片同①至④步驟製作，
與後片疊合車縫。
6 車縫脇邊
前片
(背面)
前裙片
(背面)
後裙片(背面)
①正面相對
疊合車縫。
②兩片一起進行Z字形車縫，
倒向後側。
2
③縫份壓
裝飾線
固定。
脇邊
7 縫製下襬
(背面)
0.1
1
4
三摺邊車縫

31

雙色設計連身裙

Photo …… p.39

❖完成尺寸（依S／M／L／LL順序）
胸圍……95/99/103/107cm
身長……95cm（4個尺寸相同）

❖材料（4個尺寸相同）
羊毛顆粒布（米色×象牙白）……130cm×60cm
壓縮羊毛布（黑）……140cm×60cm
裡布：輕薄棉布等……118cm×120cm
黏著襯……少許

❖原寸紙型
［3面／C］ 1-前片・2-後片・3-前裙片
4-後裙片

【裁布圖】

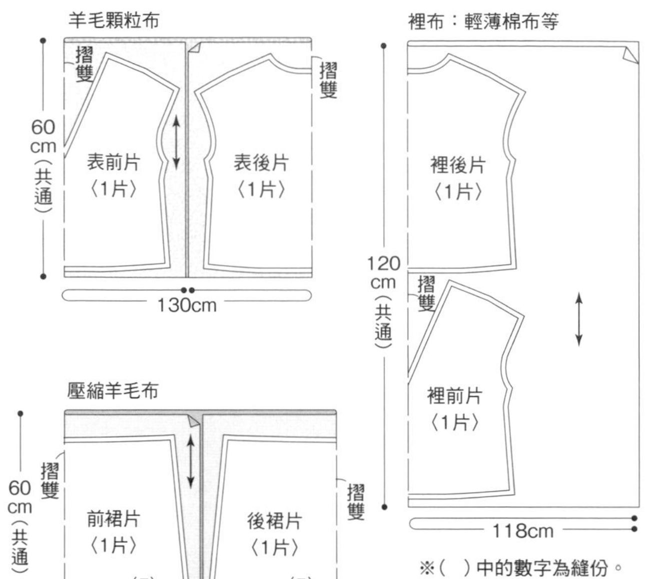
羊毛顆粒布
摺雙
60cm（共通）
表前片〈1片〉
表後片〈1片〉
130cm
裡布：輕薄棉布等
裡後片〈1片〉
120cm（共通）
裡前片〈1片〉
118cm
壓縮羊毛布
前裙片〈1片〉
後裙片〈1片〉
(5)
140cm

※（ ）中的數字為縫份。
除指定處之外，縫份皆為1cm。

【縫製順序】

準備 參考裁布圖裁剪布料
1 表・裡肩線各自車縫
2 表・裡重疊，車縫領圍
3 表・裡重疊，車縫袖襱
4 車縫脇邊
5 製作裙片
6 接縫身片＆裙片
※1請參考P.56。但不需處理縫份

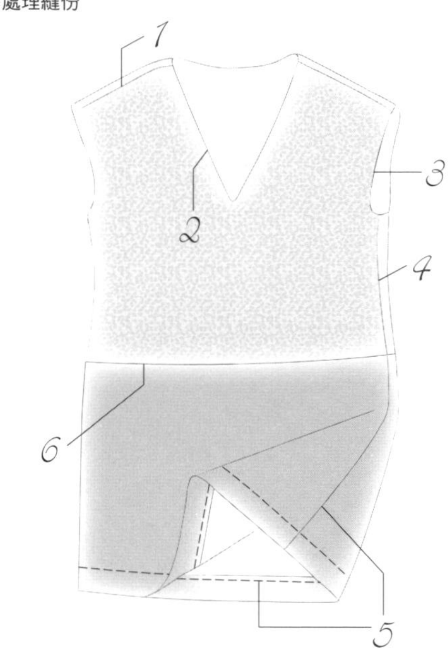
1
2
3
4
5
6

2 表・裡重疊，車縫領圍

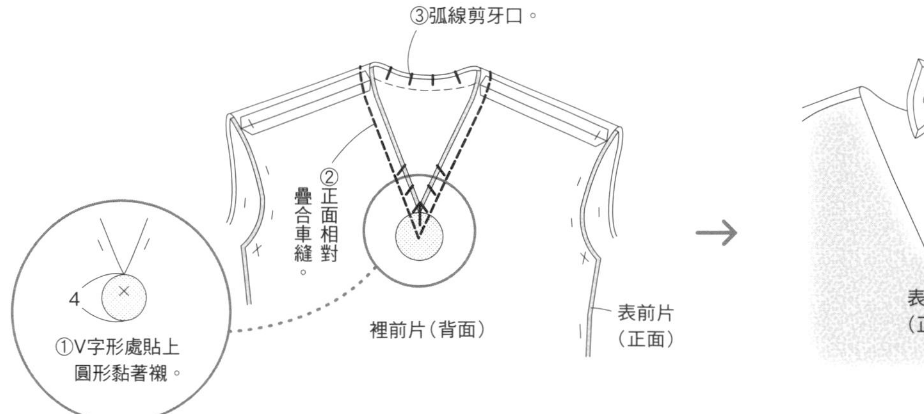
③弧線剪牙口。
②正面相對疊合車縫。
4
①V字形處貼上圓形黏著襯。
裡前片（背面）
表前片（正面）

④翻至正面，調整形狀。
表前片（正面）

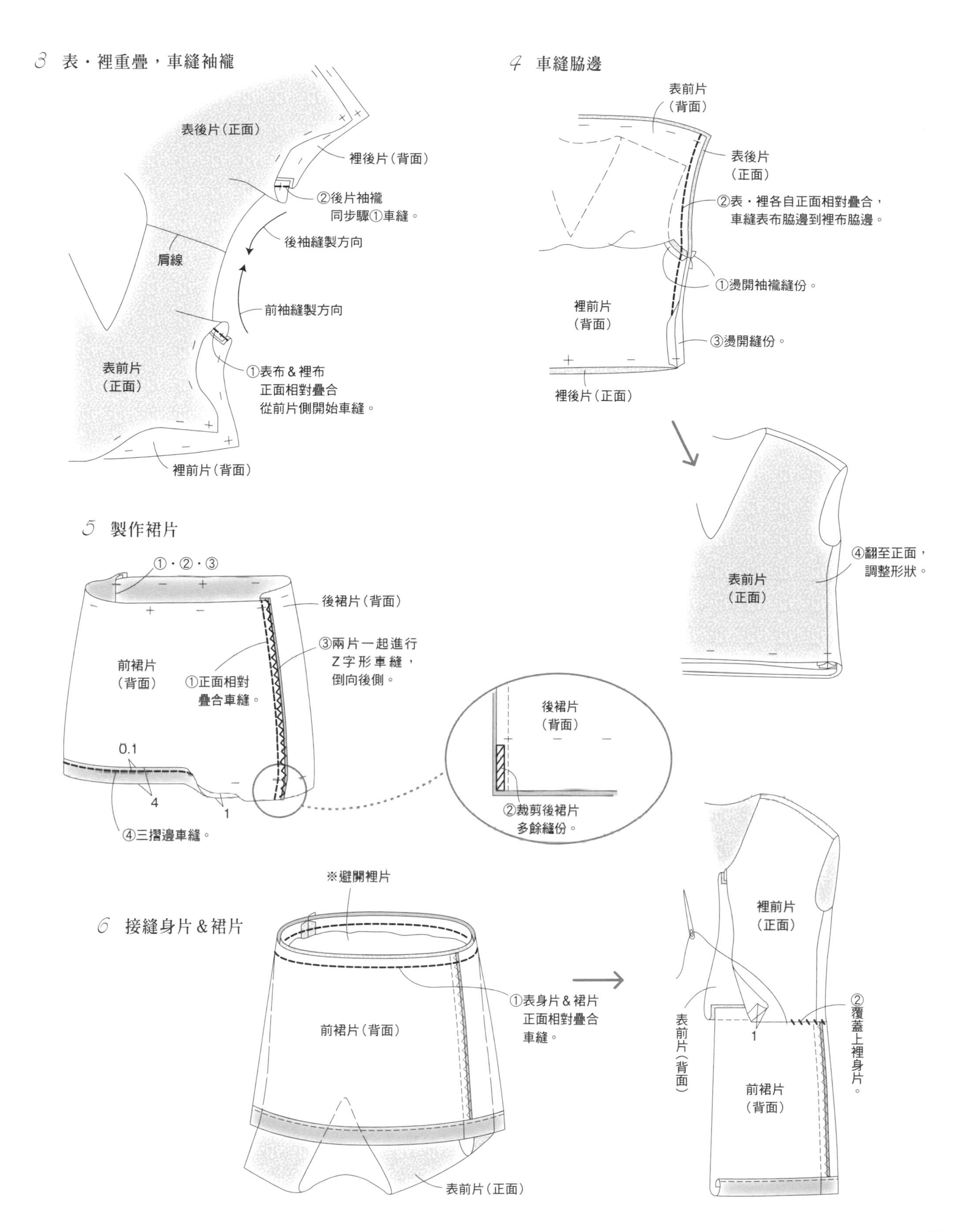
3 表・裡重疊，車縫袖襱
表後片（正面）
裡後片（背面）
②後片袖襱
同步驟①車縫。
後袖縫製方向
肩線
前袖縫製方向
表前片
（正面）
①表布＆裡布
正面相對疊合
從前片側開始車縫。
裡前片（背面）
4 車縫脇邊
表前片
（背面）
表後片
（正面）
②表・裡各自正面相對疊合，
車縫表布脇邊到裡布脇邊。
①燙開袖襱縫份。
裡前片
（背面）
③燙開縫份。
裡後片（正面）
④翻至正面，
調整形狀。
表前片
（正面）
5 製作裙片
①・②・③
後裙片（背面）
③兩片一起進行
Z字形車縫，
倒向後側。
前裙片
（背面）
①正面相對
疊合車縫。
0.1
4
1
④三摺邊車縫。
後裙片
（背面）
②裁剪後裙片
多餘縫份。
※避開裡片
6 接縫身片＆裙片
①表身片＆裙片
正面相對疊合
車縫。
前裙片（背面）
表前片（正面）
裡前片
（正面）
表前片（背面）
1
②覆蓋上裡身片。
前裙片
（背面）

04 V領上衣

Photo …… p.9

❖完成尺寸（依S / M / L / LL順序）

胸圍……95/99/103/107cm

身長……53cm（4個尺寸相同）

❖材料（4個尺寸相同）

兩側鏤空蕾絲布・香草色

……114cm×150cm

黏著襯……40cm×50cm

❖原寸紙型

［3面／C］1-前片・2-後片・5-前貼邊

6-後貼邊

【裁布圖】

兩側鏤空蕾絲布

後貼邊〈1片〉

摺雙

(0)

袖襱用斜布條〈2片〉

2.5

2.5

後片〈1片〉

150cm（共通）

下襬配合鏤空蕾絲位置放置

後貼邊〈1片〉

45

(0)

摺雙

前片〈1片〉

114 cm

※（ ）中的數字為縫份。除指定處之外，縫份皆為1cm。

※在▒的位置需貼上黏著襯。

【縫製順序】

準備 參考裁布圖裁剪布料，

貼邊貼上黏著襯

製作斜布條（參考P.46）

1 車縫肩線

2 製作貼邊

3 接縫貼邊

4 縫製袖襱

5 車縫脇邊

※*1*至*4*請參考P.56至57

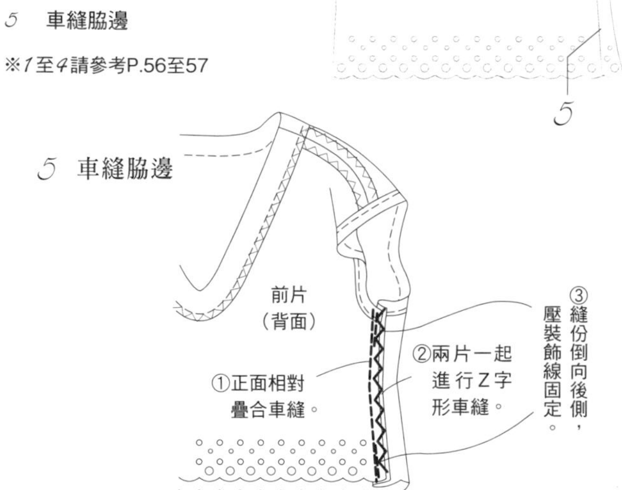
5 車縫脇邊
前片
（背面）
①正面相對
疊合車縫。
②兩片一起
進行Z字
形車縫。
③縫份倒向後側，
壓裝飾線固定。

06 圓領連身裙

Photo …… p.12

❖完成尺寸（依S / M / L / LL順序）

胸圍……95/99/103/107cm

身長……95cm（4個尺寸相同）

❖材料（4個尺寸相同）

Oxford Print棉布（Rod-Side）

……116cm×220cm

黏著襯……40×50cm

❖原寸紙型

［3面／C］1＆3-前片＆前裙片

2＆4-後片＆後裙片

6-後貼邊・7-前貼邊

【裁布圖】

Oxford Print棉布

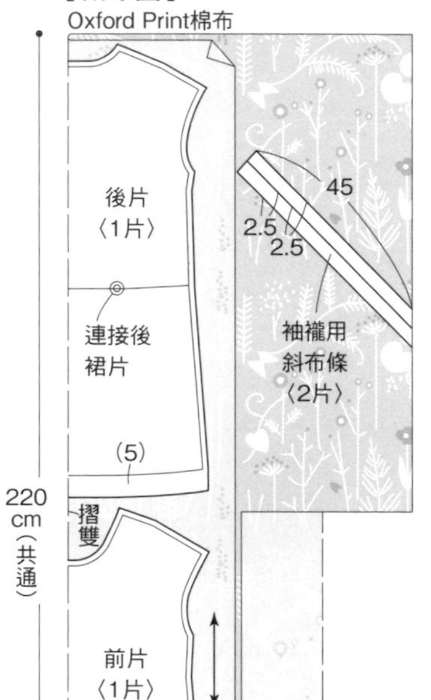
後片
〈1片〉
45
2.5
2.5
連接後
裙片
袖襱用
斜布條
〈2片〉
(5)
220
cm
（共通）
摺雙
前片
〈1片〉
連接
前裙片
摺雙
後貼邊
〈1片〉
(0)
前貼邊
〈1片〉
(5)
(0)
116cm

※（ ）中的數字為縫份。

除指定處之外，縫份皆為1cm。

※在▒的位置需貼上黏著襯。

【縫製順序】

準備 參考裁布圖裁剪布料，

貼邊貼上黏著襯

製作斜布條（參考P.46）

1 車縫肩線

2 製作貼邊

3 接縫貼邊

4 縫製袖襱

5 車縫脇邊

6 縫製下襬

※*1*至*6*請參考P.56至57

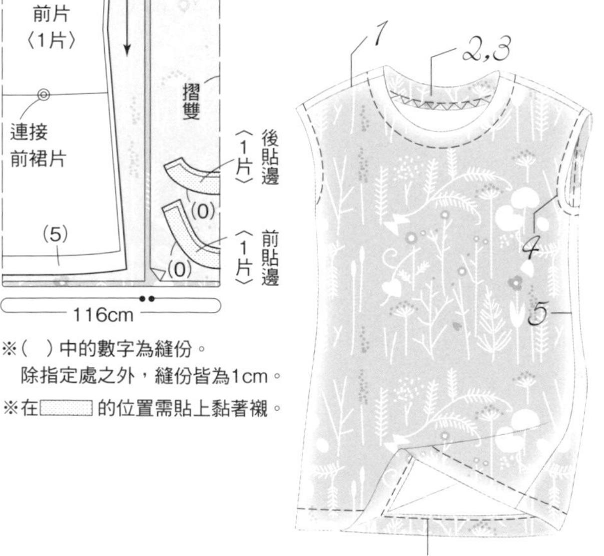
1
2,3
4
5
6

19

連身裙長外套

Photo…… p.26

❖完成尺寸（依S／M／L／LL順序）

胸圍……98/102/106/110cm
身長……100cm（4個尺寸相同）

❖材料（4個尺寸相同）

人字紋皺褶亞麻布（N）……118cm×280cm
黏著襯……50cm×100cm
直徑1.3cm鈕釦……10個
寬1cm止伸襯布條……50cm

❖原寸紙型

［1面／E］ 1-前片・2-後片・3-袖子・4-前貼邊
5-後貼邊・6-口袋

【裁布圖】

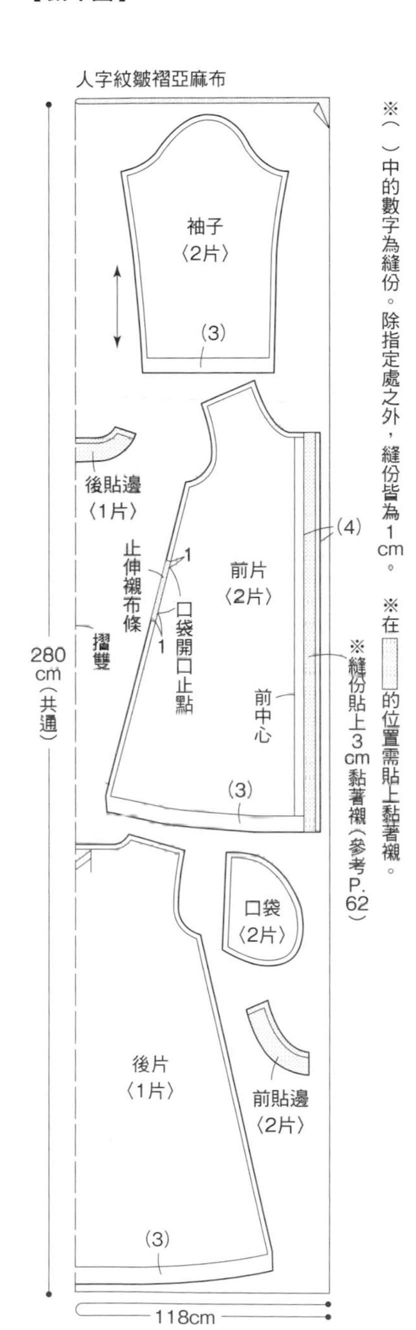

人字紋皺褶亞麻布
袖子
〈2片〉
(3)
後貼邊
〈1片〉
止伸襯布條
1
1
口袋開口止點
前片
〈2片〉
前中心
(4)
(3)
摺雙
280cm（共通）
口袋
〈2片〉
後片
〈1片〉
前貼邊
〈2片〉
(3)
118cm
※（ ）中的數字為縫份。除指定處之外，縫份皆為1cm。
※在▒的位置需貼上黏著襯。
※縫份貼上3cm黏著襯（參考P.62）

【縫製順序】

準備 參考裁布圖裁剪布料，前片描繪口袋位置，
前片＆貼邊貼上黏著襯

1. 製作後片褶襉
2. 車縫肩線
3. 接縫袖子
4. 預留口袋口，車縫袖下至脇邊
5. 製作口袋
6. 縫製袖口
7. 製作貼邊，接縫
8. 縫製前襟・下襬
9. 製作釦眼，裝上鈕釦

※1至3・8請參考P.62至63
4・5請參考P.47
9請參考P.43

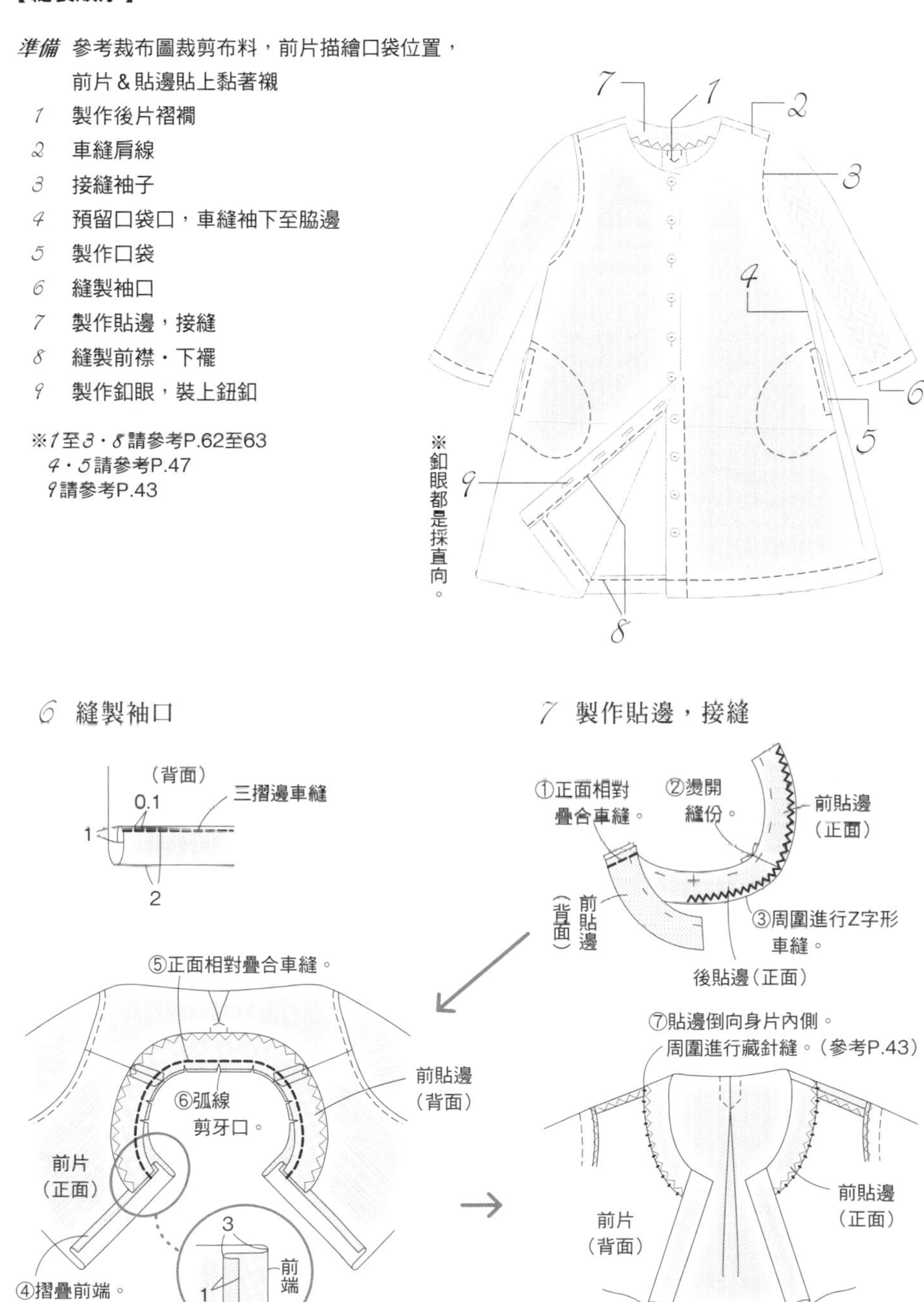

7
1
2
3
4
6
5
9
8
※釦眼都是採直向。
6 縫製袖口
（背面）
0.1
三摺邊車縫
1
2
7 製作貼邊，接縫
①正面相對疊合車縫。
②燙開縫份。
前貼邊（正面）
前貼邊（背面）
③周圍進行Z字形車縫。
後貼邊（正面）
⑤正面相對疊合車縫。
⑥弧線剪牙口。
前貼邊（背面）
前片（正面）
3
1
前端
④摺疊前端。
⑦貼邊倒向身片內側。
周圍進行藏針縫。（參考P.43）
前片（背面）
前貼邊（正面）

12

開襟燈籠袖連身裙

Photo …… p.18

❖完成尺寸（依S／M／L／LL順序）

胸圍……98/102/106/110cm

身長……110cm（4個尺寸相同）

❖材料（4個尺寸相同）

棉麻混布（直條紋）……110cm×280cm

黏著襯……10cm×110cm

直徑1.3cm鈕釦……12個

寬1cm鬆緊帶……70至80cm

❖原寸紙型

［1面／E］ 1-前片・2-後片

［4面／D］ 3-燈籠袖

【縫製順序】

準備 參考裁布圖裁剪布料，身片描繪鬆緊帶穿入布縫製位置製作斜布條（參考P.46）

1. 製作後片褶襉
2. 車縫肩線
3. 接縫袖子
4. 車縫袖下至脇邊
5. 製作袖口細褶
6. 縫製領圍
7. 接縫鬆緊帶穿入布，穿入鬆緊帶
8. 縫製前襟・下襬
9. 製作釦眼，裝上釦子

※ 5請參考P.45至46。 9請參考P.43

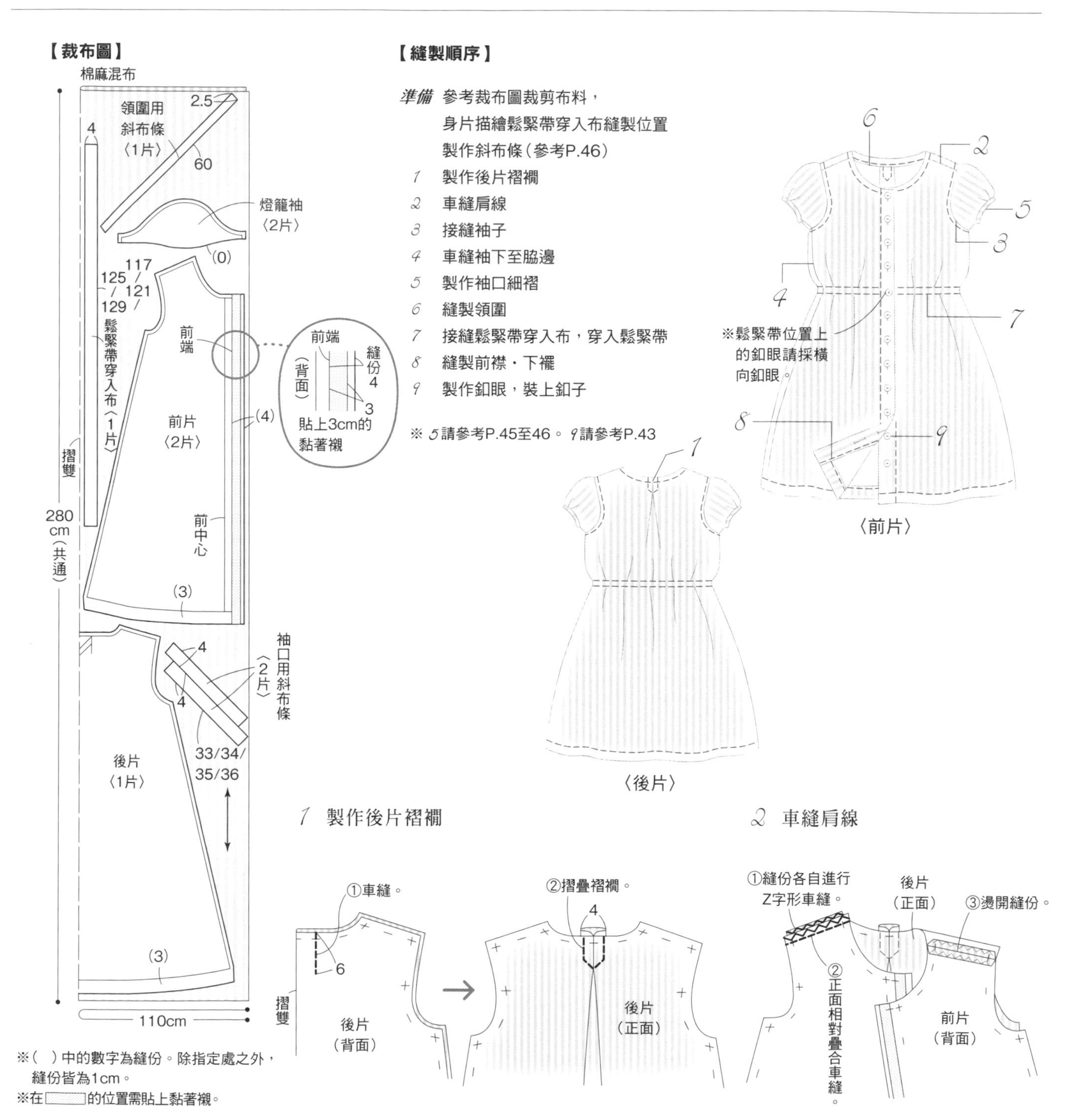

【裁布圖】
棉麻混布
領圍用斜布條〈1片〉
2.5
60
4
燈籠袖〈2片〉
(0)
117/121
125/129
鬆緊帶穿入布〈1片〉
前端
前片〈2片〉
(4)
前中心
(3)
前端
（背面）
縫份4
3
貼上3cm的黏著襯
摺雙
280cm（共通）
4
4
袖口用斜布條〈2片〉
33/34/35/36
後片〈1片〉
(3)
110cm
※鬆緊帶位置上的釦眼請採橫向釦眼。
〈前片〉
〈後片〉
1 製作後片褶襉
①車縫。
6
摺雙
後片（背面）
②摺疊褶襉。
4
後片（正面）
2 車縫肩線
①縫份各自進行Z字形車縫。
②正面相對疊合車縫。
後片（正面）
③燙開縫份。
前片（背面）

※（ ）中的數字為縫份。除指定處之外，縫份皆為1cm。

※在▭的位置需貼上黏著襯。

3 接縫袖子

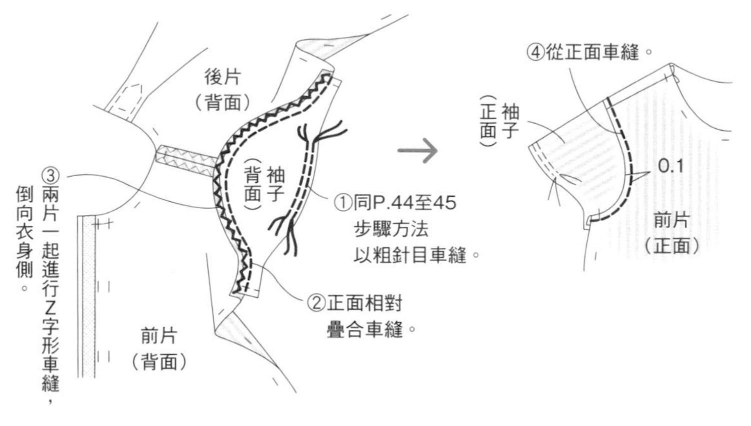
後片
（背面）
袖子
（背面）
①同P.44至45
步驟方法
以粗針目車縫。
②正面相對
疊合車縫。
③兩片一起進行Z字形車縫，
倒向衣身側。
前片
（背面）
④從正面車縫。
袖子
（正面）
0.1
前片
（正面）

4 車縫袖下至脇邊

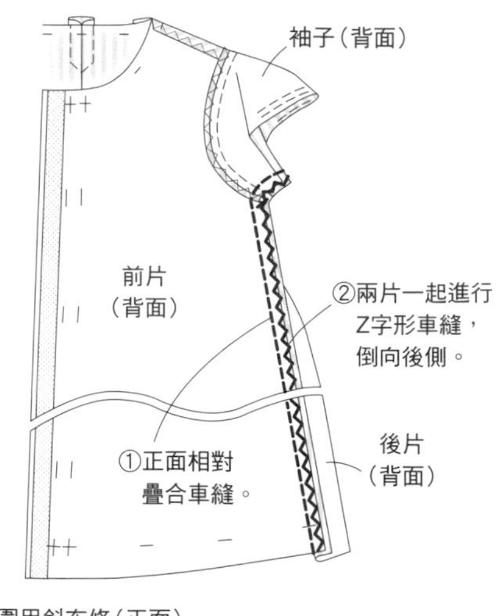
袖子（背面）
前片
（背面）
②兩片一起進行
Z字形車縫，
倒向後側。
①正面相對
疊合車縫。
後片
（背面）

6 縫製領圍

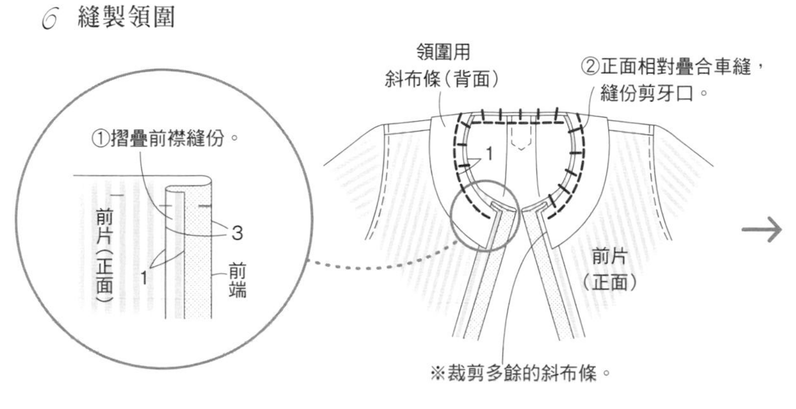
①摺疊前襟縫份。
前片（正面）
3
1
前端
領圍用
斜布條（背面）
②正面相對疊合車縫，
縫份剪牙口。
1
前片
（正面）
※裁剪多餘的斜布條。

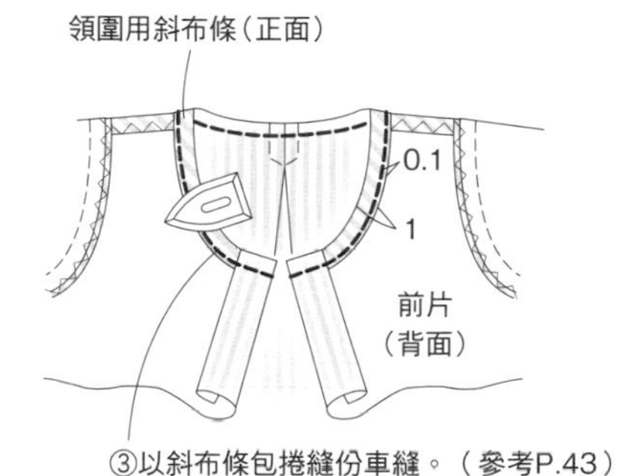
領圍用斜布條（正面）
0.1
1
前片
（背面）
③以斜布條包捲縫份車縫。（參考P.43）

7 接縫鬆緊帶穿入布，穿入鬆緊帶

8 縫製前襟・下襬

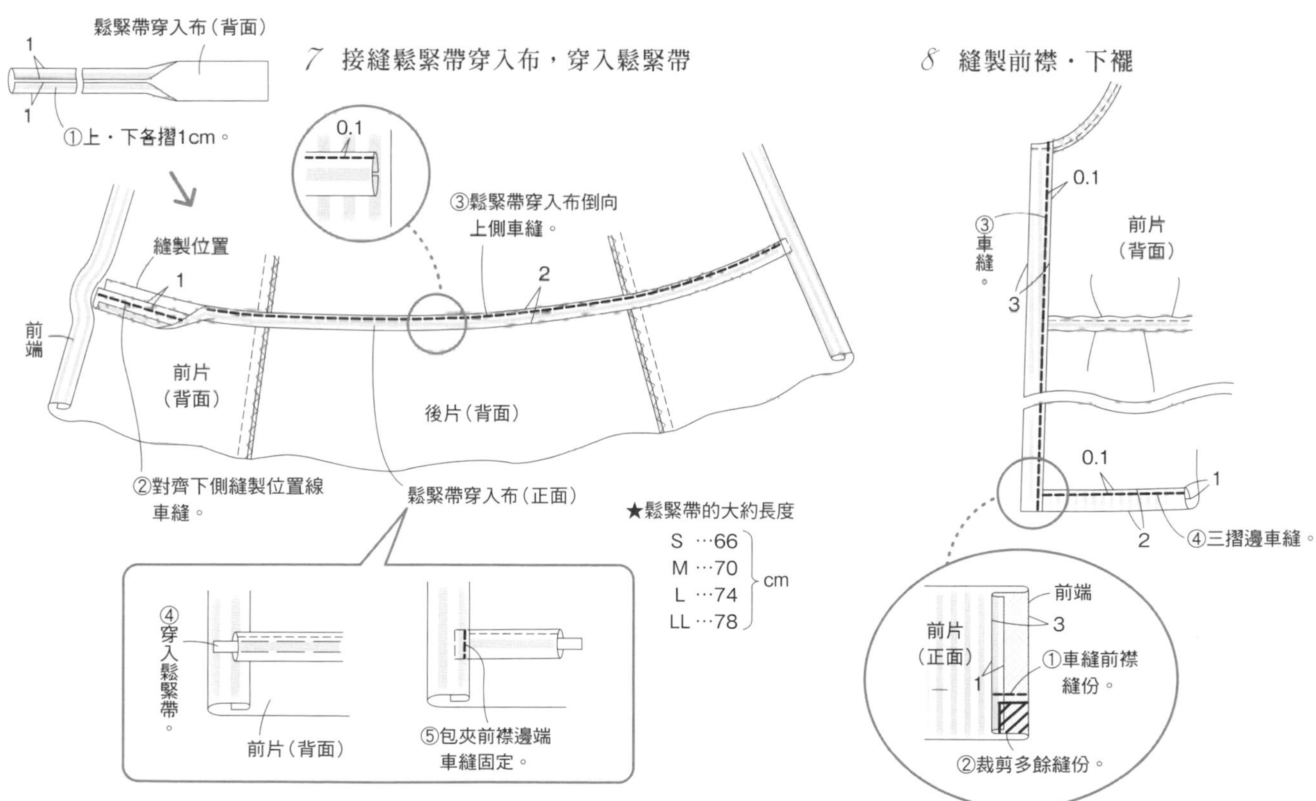
鬆緊帶穿入布（背面）
1
1
①上・下各摺1cm。
0.1
③鬆緊帶穿入布倒向
上側車縫。
縫製位置
1
2
前端
前片
（背面）
後片（背面）
②對齊下側縫製位置線
車縫。
鬆緊帶穿入布（正面）
★鬆緊帶的大約長度
S …66
M …70
L …74
LL …78
cm
④穿入鬆緊帶。
前片（背面）
⑤包夾前襟邊端
車縫固定。
0.1
③車縫。
3
前片
（背面）
0.1
1
2
④三摺邊車縫。
前端
3
前片
（正面）
1
①車縫前襟
縫份。
②裁剪多餘縫份。

13,14

九分長版A字裙
及膝A字裙

Photo…… p.20,21

✣完成尺寸（依S／M／L／LL順序）

臀圍……94/98/102/106cm

裙長（13九分長版）……90cm（4個尺寸相同）

裙長（14及膝）……61cm（4個尺寸相同）

✣材料（4個尺寸相同）

13 亞麻布（綠色）……105cm×210cm

14 亞麻布（芥末黃色）……105cm×150cm

13・14共通 黏著襯……20cm×10cm　直徑1.3cm鈕釦……4個

✣原寸紙型

［2面／F］1-前・後裙片・2-短冊

【裁布圖】

【縫製順序】

準備 參考裁布圖裁剪布料

1 製作短冊

2 車縫脇邊，縫製下襬

3 製作腰帶・接縫

4 裝上鈕子

5 製作・穿入腰繩

※1請參考P.48・2請參考P.65・4參考P.43

3 製作腰帶・接縫

5 製作・穿入腰繩

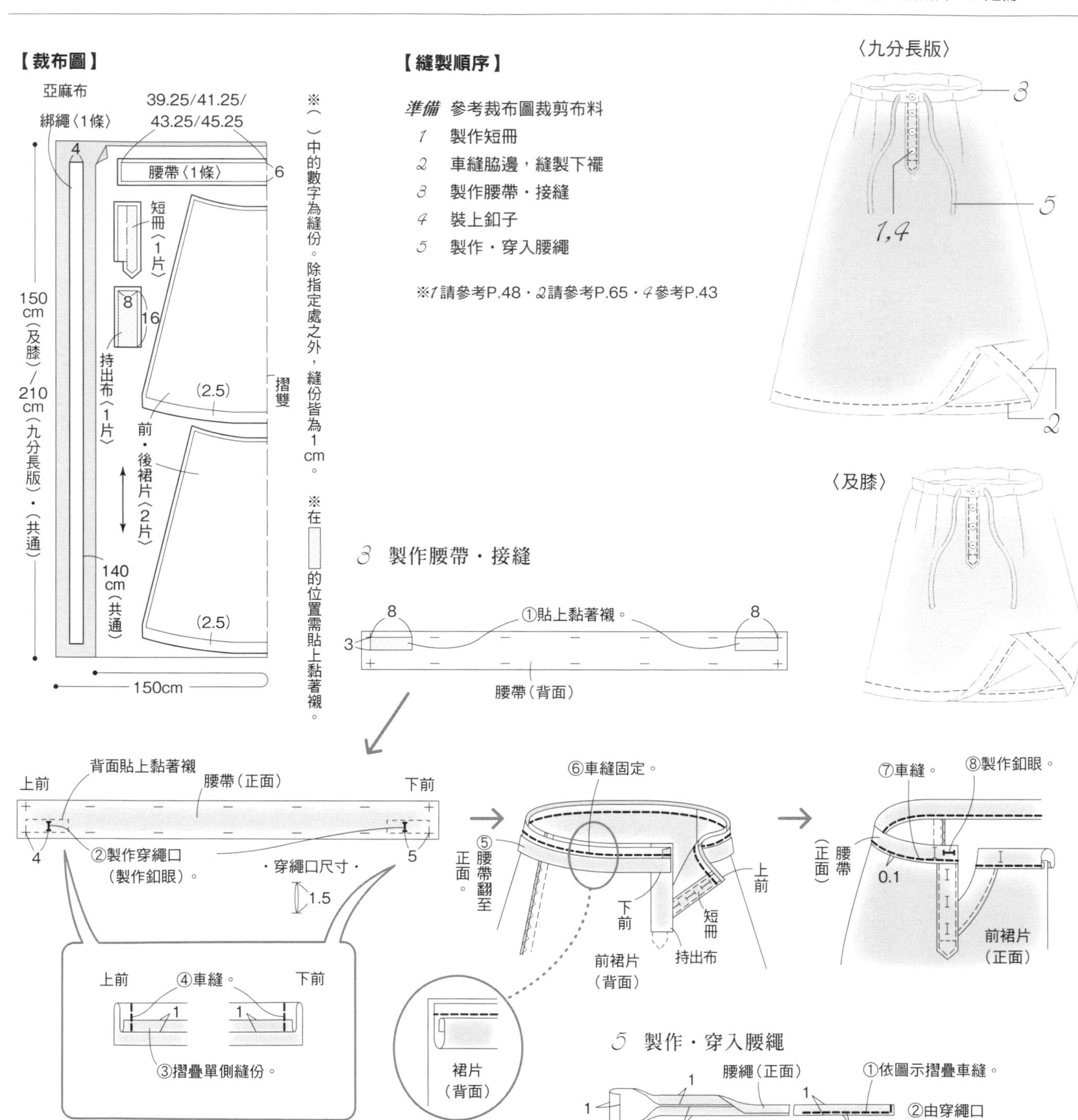

亞麻布
綁繩〈1條〉
39.25/41.25/
43.25/45.25
4
腰帶〈1條〉
6
短冊〈1片〉
8
16
持出布〈1片〉
(2.5)
摺雙
前・後裙片〈2片〉
150cm（及膝）/210cm（九分長版）・（共通）
140cm（共通）
150cm
※（ ）中的數字為縫份。除指定處之外，縫份皆為1cm。
※在▯的位置需貼上黏著襯。
〈九分長版〉
〈及膝〉
1,4
①貼上黏著襯。
腰帶（背面）
上前
背面貼上黏著襯
腰帶（正面）
下前
②製作穿繩口（製作鈕眼）。
・穿繩口尺寸・
1.5
上前
④車縫。
下前
③摺疊單側縫份。
⑤腰帶翻至正面。
⑥車縫固定。
上前
下前
短冊
持出布
前裙片（背面）
裙片（背面）
⑦車縫。
⑧製作鈕眼。
腰帶（正面）
0.1
前裙片（正面）
腰繩（正面）
①依圖示摺疊車縫。
②由穿繩口穿入一圈。

15

單面抽褶長裙

Photo …… p.22

❖完成尺寸（依S／M／L／LL順序）
臀圍……free
裙長……90cm（4個尺寸相同）

❖材料（4個尺寸相同）
皺褶亞麻布（米白色）……110cm×210cm
黏著襯……6cm×3cm
寬1cm織帶……220cm

❖原寸紙型
[2面／F] 1-前・後裙片

【裁布圖】

【縫製順序】

準備　參考裁布圖裁剪布料
1　車縫脇邊，縫製下襬
2　製作腰帶
3　抽拉細褶，接縫腰帶
4　從穿繩口穿入腰繩一圈

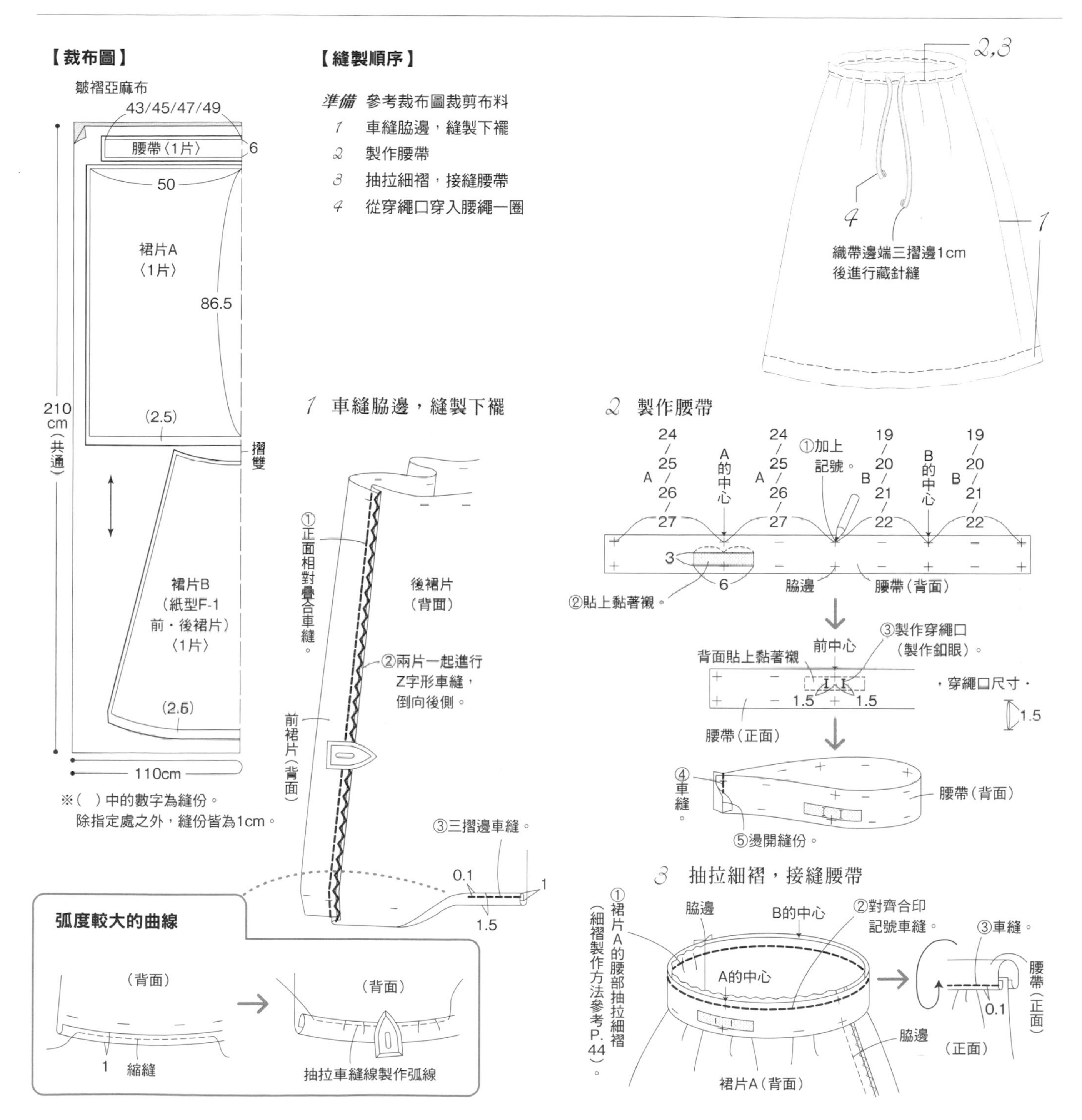

皺褶亞麻布
43/45/47/49
腰帶〈1片〉
6
50
裙片A
〈1片〉
86.5
210cm（共通）
(2.5)
摺雙
裙片B
(紙型F-1
前・後裙片)
〈1片〉
(2.5)
110cm
※( )中的數字為縫份。
除指定處之外，縫份皆為1cm。
2,3
4
織帶邊端三摺邊1cm
後進行藏針縫
1
1 車縫脇邊，縫製下襬
①正面相對疊合車縫。
後裙片
(背面)
②兩片一起進行
Z字形車縫，
倒向後側。
前裙片(背面)
③三摺邊車縫。
0.1
1
1.5
弧度較大的曲線
(背面)
1
縮縫
(背面)
抽拉車縫線製作弧線
2 製作腰帶
24/25/26/27
A
A的中心
①加上記號。
19/20/21/22
B
B的中心
3
6
②貼上黏著襯。
脇邊
腰帶(背面)
前中心
③製作穿繩口
(製作釦眼)。
背面貼上黏著襯
1.5
1.5
・穿繩口尺寸・
1.5
腰帶(正面)
④車縫。
⑤燙開縫份。
腰帶(背面)
3 抽拉細褶，接縫腰帶
①裙片A的腰部抽拉細褶
(細褶製作方法參考P.44)。
脇邊
B的中心
②對齊合印
記號車縫。
A的中心
③車縫。
腰帶(正面)
0.1
脇邊
(正面)
裙片A(背面)

18

窄版修身褲（九分款）

Photo …… p.24

❖完成尺寸（依S／M／L／LL順序）

臀圍……90/94/98/102cm

褲長……89/89/89.5/89.5cm

❖材料（4個尺寸相同）

彈性斜紋布（黑）……135cm × 120cm

寬2cm鬆緊帶……70至80cm

❖原寸紙型

［4面／H］ 1-前褲管・2-後褲管

【裁布圖】

彈性斜紋布（黑）

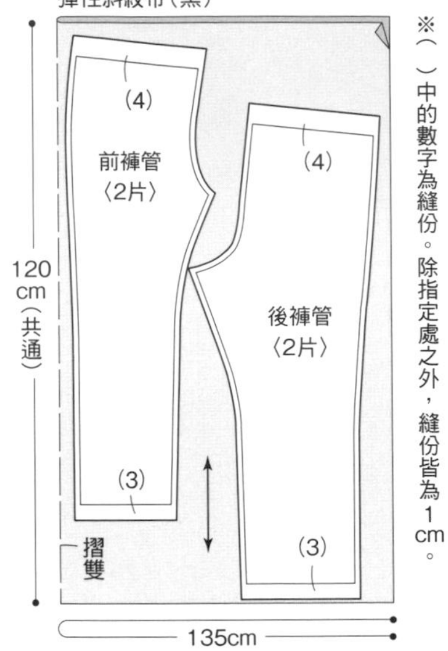

(4)
前褲管
〈2片〉
(4)
後褲管
〈2片〉
(3)
(3)
120cm（共通）
摺雙

135cm

※（ ）中的數字為縫份。除指定處之外，縫份皆為1cm。

【縫製順序】

準備 參考裁布圖裁剪布料

1. 車縫股下線
2. 車縫脇邊，製作開叉
3. 車縫股上線
4. 車縫下襬
5. 製作腰帶布・穿入鬆緊帶

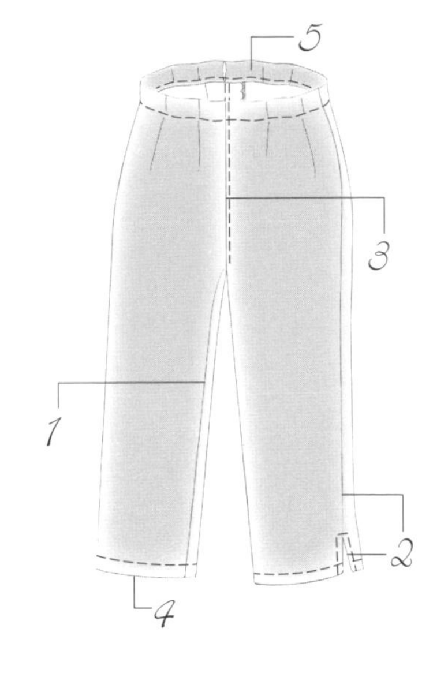

5
3
1
2
4

1 車縫股下線

2 車縫脇邊，製作開叉

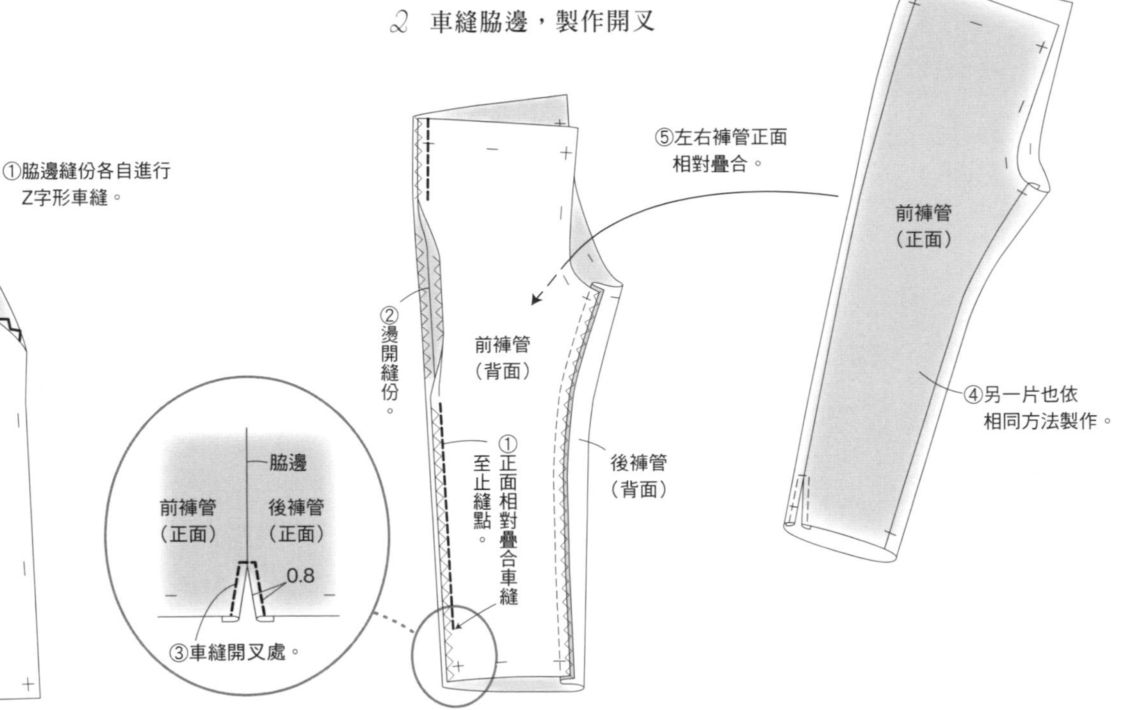

前褲管（正面）
①脇邊縫份各自進行Z字形車縫。
後褲管（背面）
③兩片一起進行Z字形車縫，倒向後側。
②股下線正面相對疊合車縫。
脇邊
前褲管（正面）
後褲管（正面）
0.8
③車縫開叉處。
②燙開縫份。
前褲管（背面）
①正面相對疊合車縫至止縫點。
後褲管（背面）
⑤左右褲管正面相對疊合。
前褲管（正面）
④另一片也依相同方法製作。

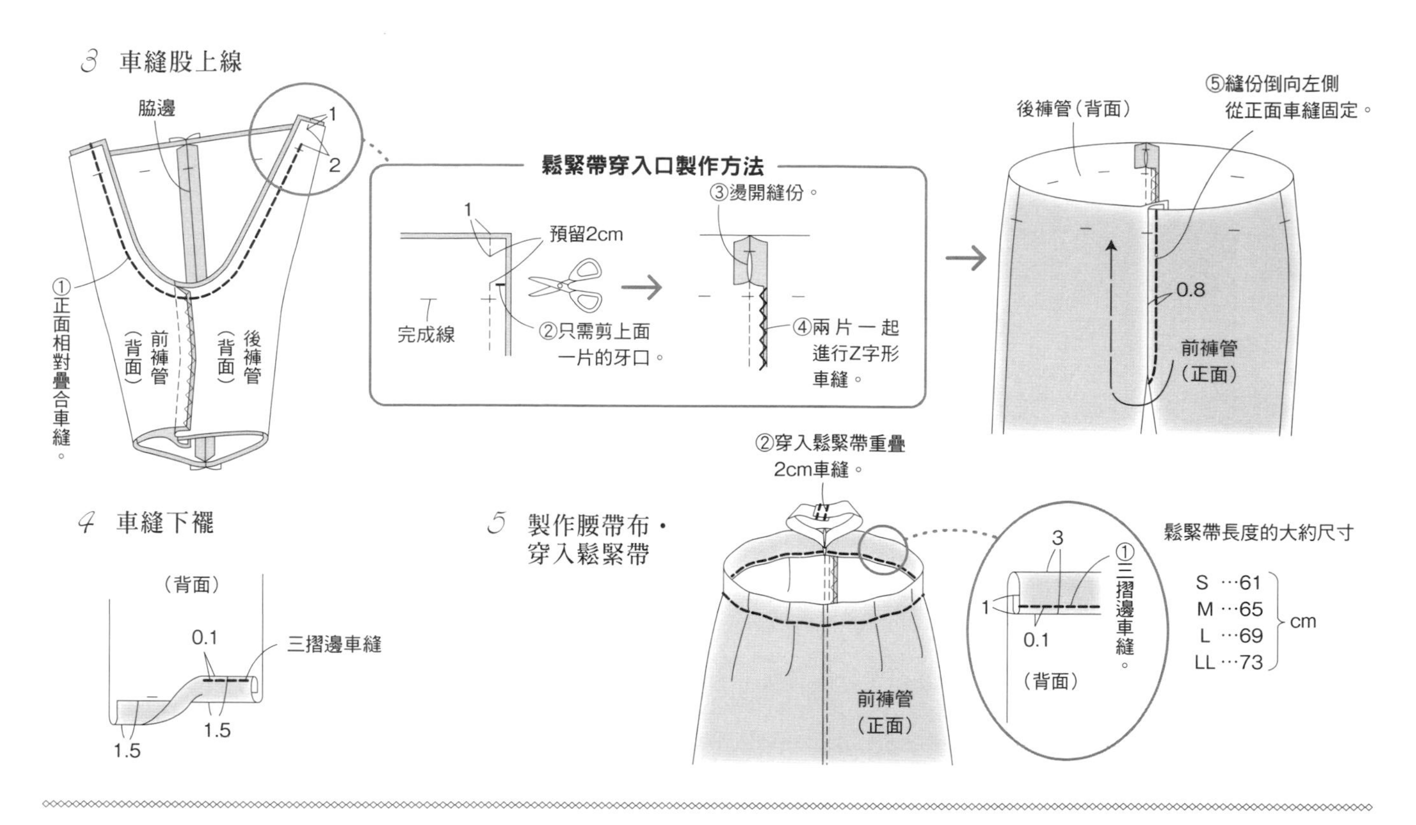

3 車縫股上線
脇邊
1
2
①正面相對疊合車縫。
前褲管(背面)
後褲管(背面)
鬆緊帶穿入口製作方法
1
預留2cm
完成線
②只需剪上面一片的牙口。
③燙開縫份。
④兩片一起進行Z字形車縫。
後褲管(背面)
⑤縫份倒向左側從正面車縫固定。
0.8
前褲管(正面)
4 車縫下襬
(背面)
0.1
三摺邊車縫
1.5
1.5
5 製作腰帶布・穿入鬆緊帶
②穿入鬆緊帶重疊2cm車縫。
3
①三摺邊車縫。
1
0.1
(背面)
前褲管(正面)
鬆緊帶長度的大約尺寸
S …61
M …65
L …69
LL …73
cm

17 窄版修身褲(長褲管)

Photo …… p.24

❖完成尺寸(依S/M/L/LL順序)

臀圍……90/94/98/102cm

褲長……99/99/99.5/99.5cm

❖材料(4個尺寸相同)

混色伸縮布(米色)……127cm×200cm

寬2cm鬆緊帶……70至80cm

❖原寸紙型

[4面/H] 1-前褲管・2-後褲管

【裁布圖】

※( )中的數字為縫份。除指定處之外,縫份皆為1cm。

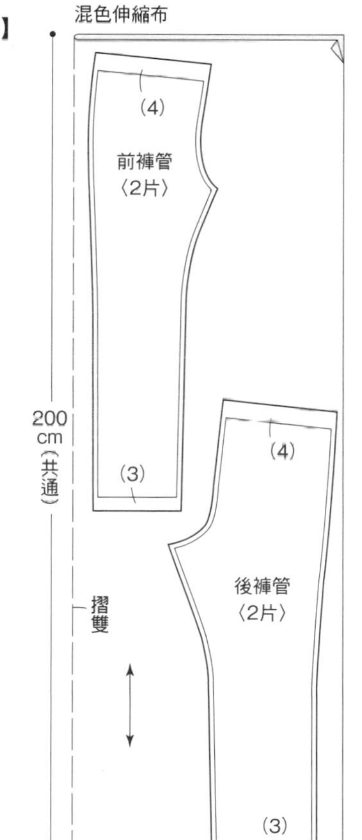

混色伸縮布
(4)
前褲管
〈2片〉
(3)
(4)
後褲管
〈2片〉
(3)
200cm(共通)
摺雙
127cm

【縫製順序】

參考P.66「窄版修身褲(九分款)」
脇邊沒有開叉設計

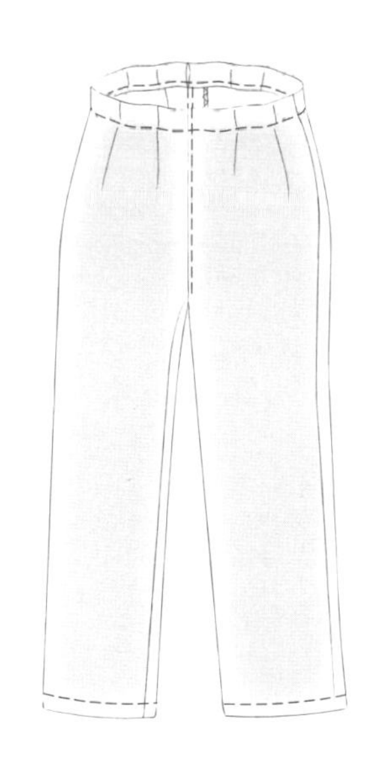

16

七分寬版牛仔褲

Photo…… p.24

❖完成尺寸（依S／M／L／LL順序）

臀圍……99/103/107/111cm

褲長……64.5/64.5/65/65cm

❖材料（4個尺寸相同）

亞麻丹寧布……140cm×150cm

寬2cm鬆緊帶……30cm至40cm

寬1cm織帶……80cm

丹寧專用車縫線……適量

❖原寸紙型

［3面／G］1-前褲管・2-後褲管・3-口袋

【裁布圖】

【縫製順序】

準備　參考裁布圖裁剪布料

1　製作左褲管

2　製作右褲管，接縫口袋

※口袋接縫方法請參考P.48

3　車縫股上線

4　接縫腰帶

5　穿入鬆緊帶

6　車縫下襬

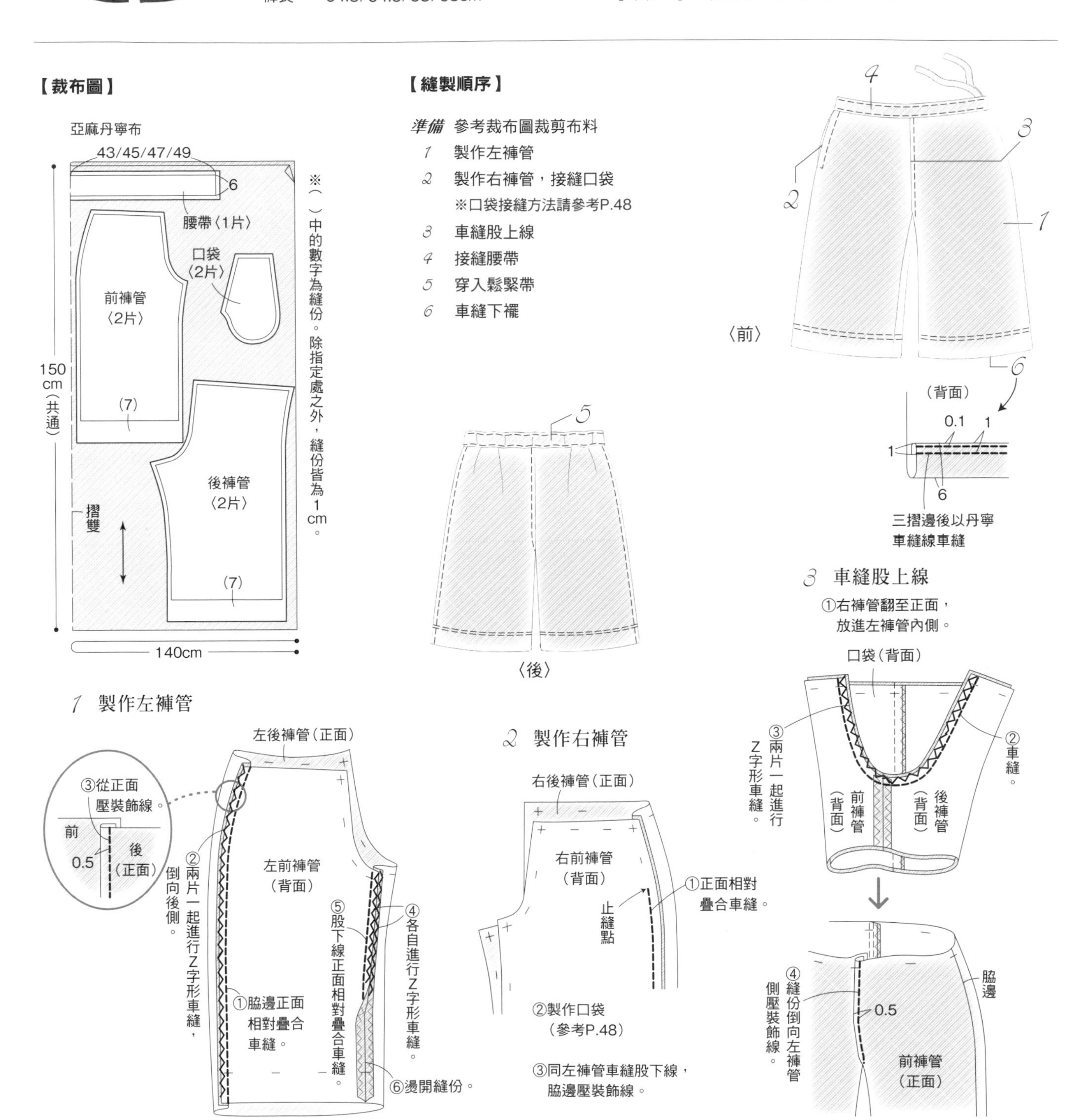

亞麻丹寧布
43/45/47/49
6
腰帶〈1片〉
口袋〈2片〉
前褲管〈2片〉
(7)
後褲管〈2片〉
(7)
摺雙
150cm（共通）
140cm
※（）中的數字為縫份。除指定處之外，縫份皆為1cm。
4
3
2
1
〈前〉
6
（背面）
0.1
1
1
6
三摺邊後以丹寧車縫線車縫
5
〈後〉
1 製作左褲管
左後褲管（正面）
③從正面壓裝飾線。
前
後（正面）
0.5
②兩片一起進行Z字形車縫，倒向後側。
左前褲管（背面）
①脇邊正面相對疊合車縫。
⑤股下線正面相對疊合車縫。
④各自進行Z字形車縫。
⑥燙開縫份。
2 製作右褲管
右後褲管（正面）
右前褲管（背面）
止縫點
①正面相對疊合車縫。
②製作口袋（參考P.48）
③同左褲管車縫股下線，脇邊壓裝飾線。
3 車縫股上線
①右褲管翻至正面，放進左褲管內側。
口袋（背面）
③兩片一起進行Z字形車縫。
②車縫。
前褲管（背面）
後褲管（背面）
④縫份倒向左褲管側壓裝飾線。
0.5
脇邊
前褲管（正面）

4 接縫腰帶

5 穿入鬆緊帶

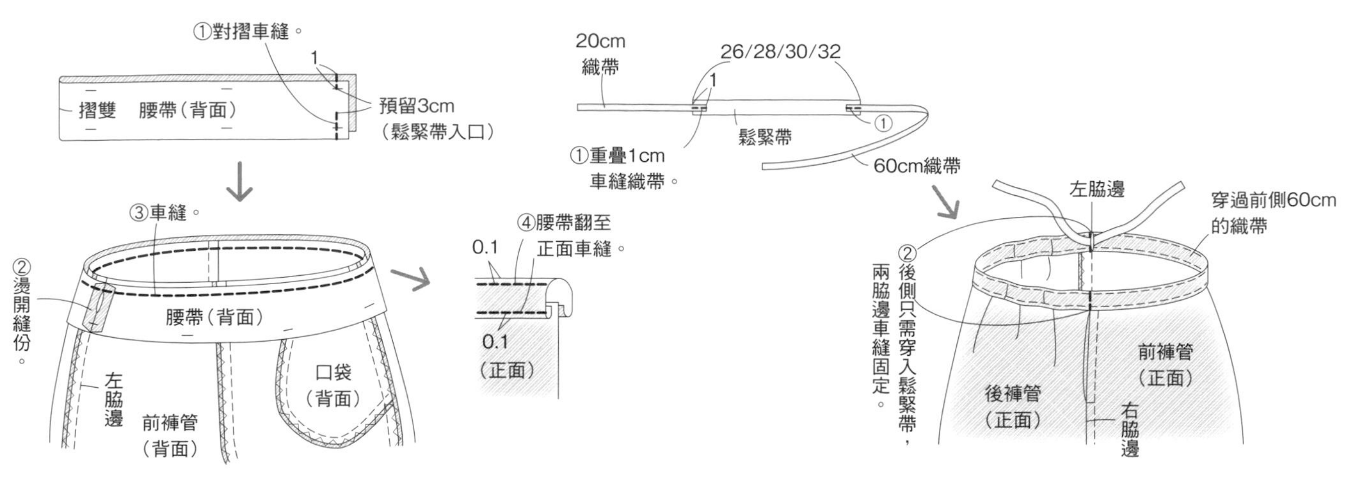

①對摺車縫。
1
摺雙
腰帶（背面）
預留3cm
（鬆緊帶入口）
③車縫。
②燙開縫份。
腰帶（背面）
左脇邊
前褲管
（背面）
口袋
（背面）
④腰帶翻至
正面車縫。
0.1
0.1
（正面）
20cm
織帶
26/28/30/32
1
①
①重疊1cm
車縫織帶。
鬆緊帶
60cm織帶
左脇邊
穿過前側60cm
的織帶
②後側只需穿入鬆緊帶，
兩脇邊車縫固定。
前褲管
（正面）
後褲管
（正面）
右脇邊

23 披肩式開襟外套

Photo …… p.32

❖完成尺寸

160cm×88cm的長方形

❖材料（4個尺寸相同）

羊毛紗布（格紋）……130cm×200cm

【縫製順序】

準備 參考裁布圖裁剪布料

1 製作身片

2 製作袖子・接縫

【裁布圖】

1 製作身片

2 製作袖子・接縫

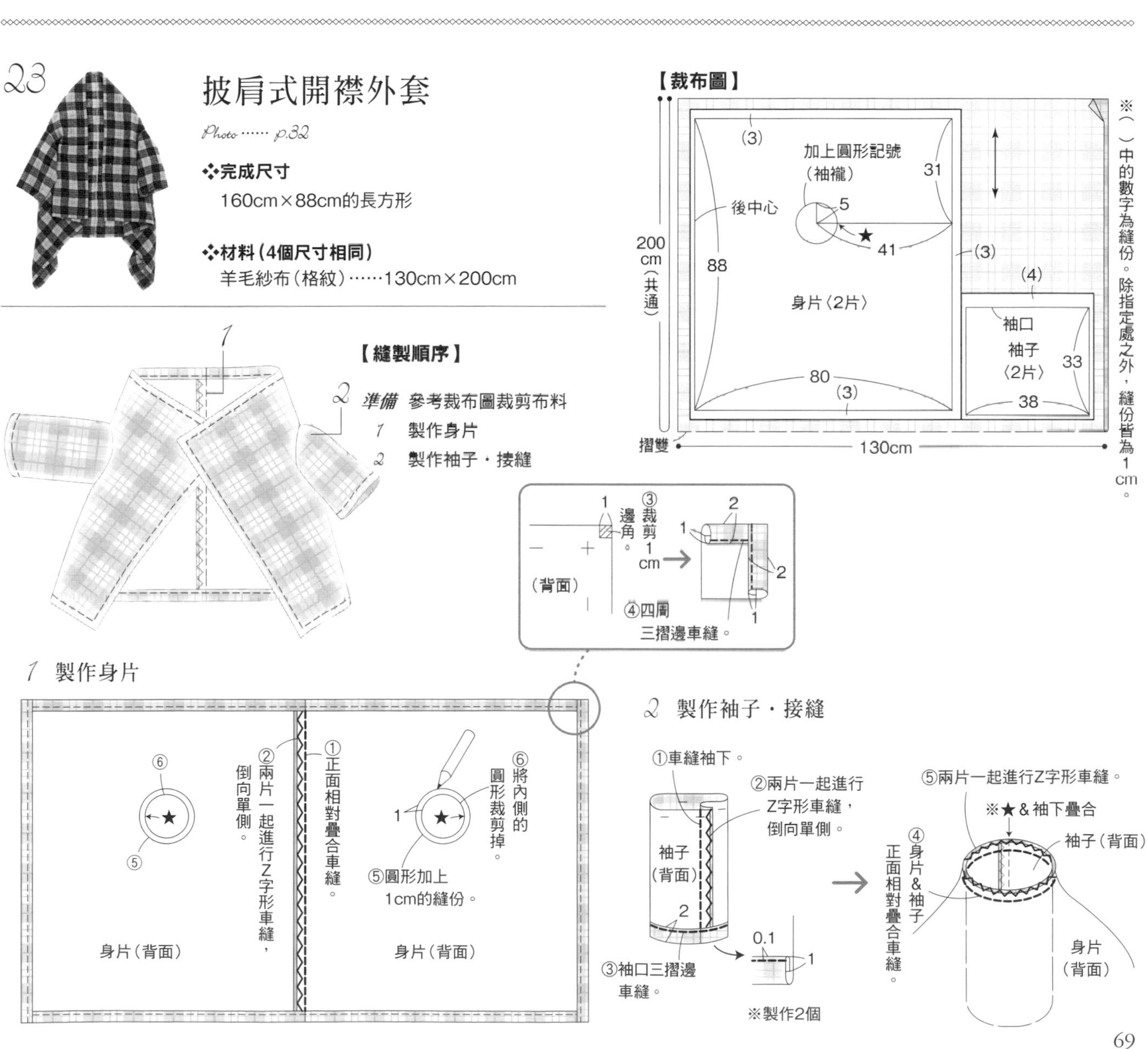

1
2
（3）
加上圓形記號
（袖襱）
31
後中心
5
★
41
（3）
200
cm
（共通）
88
身片〈2片〉
（4）
袖口
袖子
〈2片〉
33
80
（3）
38
摺雙
130cm
※（ ）中的數字為縫份。除指定處之外，縫份皆為1cm。
1
③裁剪邊角。
1
cm
2
1
2
（背面）
④四周
三摺邊車縫。
1
⑥
★
⑤
②兩片一起進行Z字形車縫，倒向單側。
①正面相對疊合車縫。
1
★
⑥將內側的圓形裁剪掉。
⑤圓形加上
1cm的縫份。
身片（背面）
身片（背面）
①車縫袖下。
②兩片一起進行
Z字形車縫，
倒向單側。
袖子
（背面）
2
③袖口三摺邊
車縫。
0.1
1
※製作2個
⑤兩片一起進行Z字形車縫。
※★＆袖下疊合
袖子（背面）
④身片＆袖子
正面相對疊合車縫。
身片
（背面）

背心連身裙

Photo …… p.28

❖**完成尺寸**（依S／M／L／LL順序）

胸圍……91/95/99/103cm

身長……99/99/100/100cm

❖**材料（4個尺寸相同）**

兩側鏤空蕾絲布・Flora（香草米白色）

……114cm×220cm

❖**原寸紙型**

［4面／I］1-前片・2-後片・3-後剪接・4-肩繩

※後片＆後剪接，請仔細參考下方的裁布圖確認形狀

【裁布圖】

兩側鏤空蕾絲布

後片〈1片〉 摺雙

後剪接〈1片〉

肩繩〈2片〉

45/47/49/51　8　47/49/51/53

胸前蕾絲〈1片〉

直接使用鏤空蕾絲布

220cm（共通）

前片〈1片〉 摺雙

114cm

下襬直接使用鏤空蕾絲布

※縫份皆為1cm。

【縫製順序】

準備 參考裁布圖裁剪布料

1 車縫前片胸褶

2 接縫肩繩

3 接縫後剪接

4 包夾肩繩，接縫胸前蕾絲＆前片

5 車縫脇邊

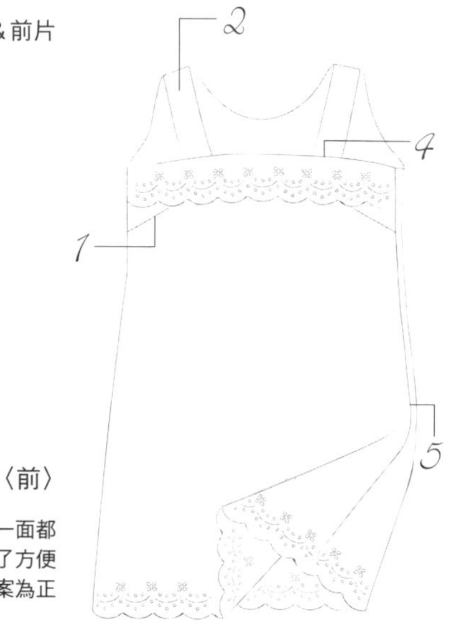

2
4
1
5

〈前〉

※此款式不管哪一面都可以穿，但為了方便解說，以本圖案為正面進行解說。

3

〈後〉

1 車縫前片胸褶

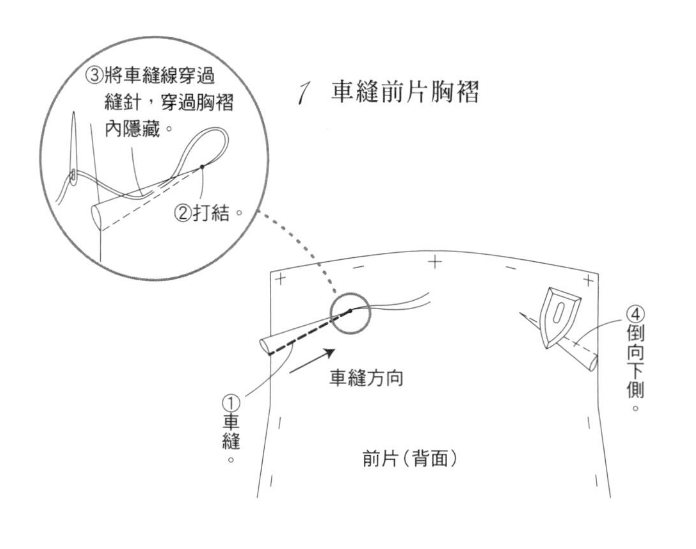

③將車縫線穿過縫針，穿過胸褶內隱藏。
②打結。
車縫方向
①車縫。
④倒向下側。
前片（背面）

2 接縫肩繩

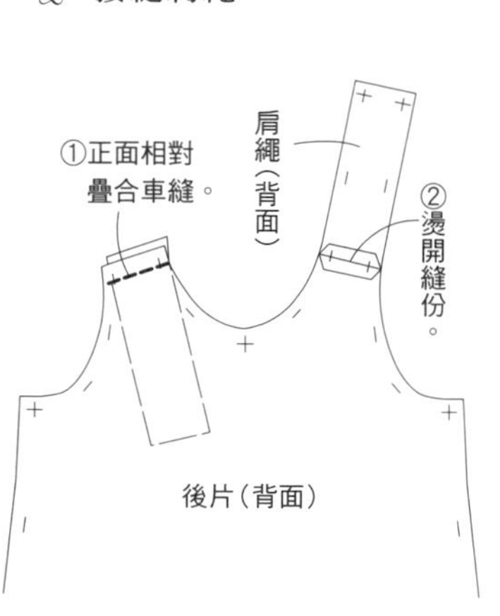

①正面相對疊合車縫。
肩繩（背面）
②燙開縫份。
後片（背面）

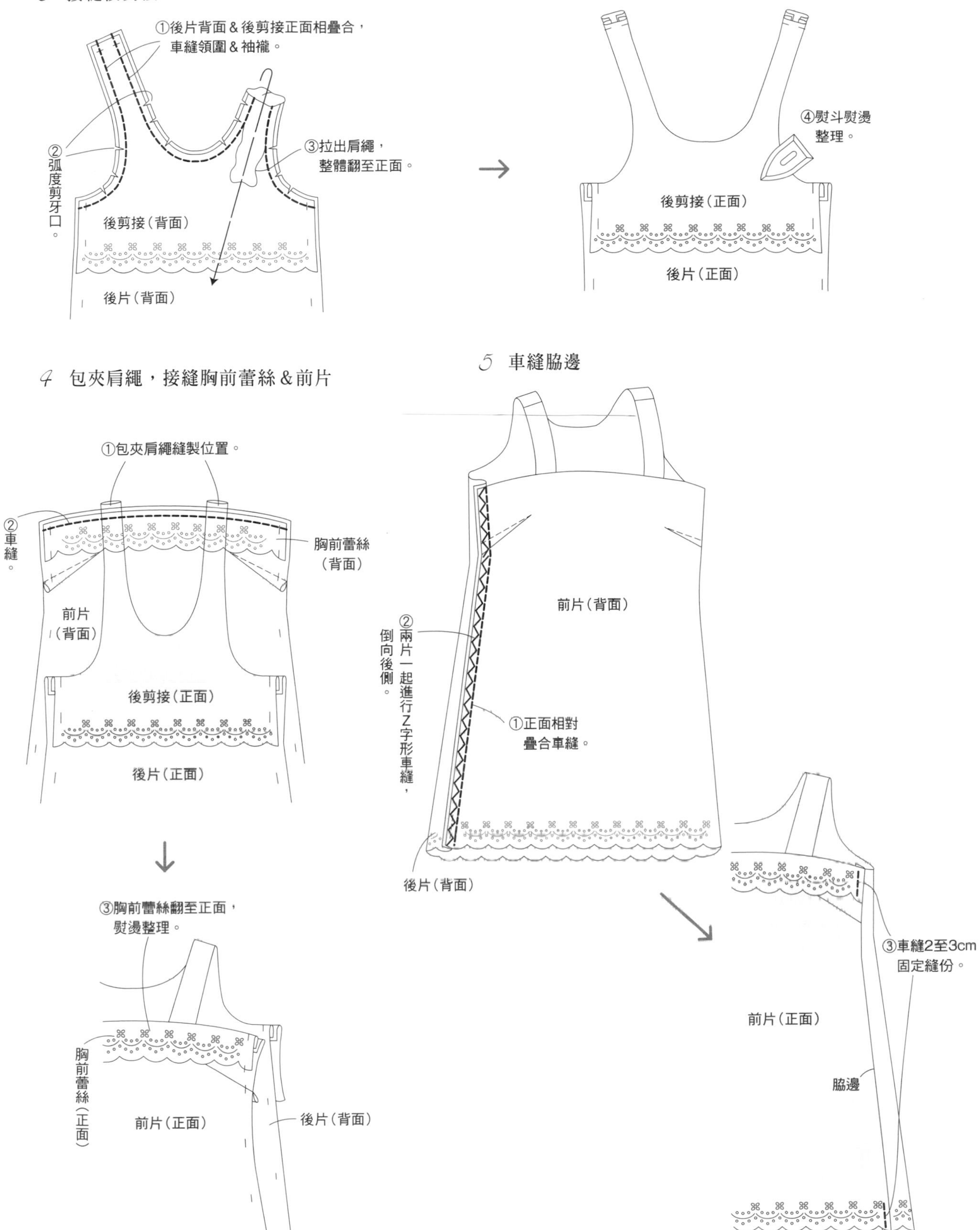
3 接縫後剪接
①後片背面＆後剪接正面相疊合，
車縫領圍＆袖襱。
②弧度剪牙口。
③拉出肩繩，
整體翻至正面。
後剪接（背面）
後片（背面）
④熨斗熨燙
整理。
後剪接（正面）
後片（正面）
4 包夾肩繩，接縫胸前蕾絲＆前片
①包夾肩繩縫製位置。
②車縫。
胸前蕾絲
（背面）
前片
（背面）
後剪接（正面）
後片（正面）
③胸前蕾絲翻至正面，
熨燙整理。
胸前蕾絲（正面）
前片（正面）
後片（背面）
5 車縫脇邊
前片（背面）
②兩片一起進行Z字形車縫，
倒向後側。
①正面相對
疊合車縫。
後片（背面）
③車縫2至3cm
固定縫份。
前片（正面）
脇邊

21, 22

亞麻背心
羊毛背心

Photo …… p.30

❖完成尺寸

（依S / M / L / LL順序）
胸圍……85/89/93/97cm
身長……49cm（4個尺寸相同）

❖材料（4個尺寸相同）

21　表布：亞麻布（原色）……110cm×90cm
　　裡布：水洗亞麻布（墨綠色）……140cm×60cm
22　表布：人字紋羊毛布（墨綠色B）……145cm×60cm
　　裡布：亞麻布（原色）……110cm×90cm
21・22共通　黏著襯……10cm×60cm
　　寬1cm止伸襯布條……70cm
　　直徑1.3cm鈕釦……4個

❖原寸紙型　[3面／J]　1-前片・2-後片

【裁布圖】

人字紋羊毛布 / 水洗亞麻布

摺雙
60cm（共通）
前片〈2片〉
後片〈2片〉
145 / 140cm

亞麻布

摺雙
90cm（共通）
後片〈2片〉
前片〈2片〉
110cm

※縫份皆為1cm。

・貼上黏著襯的位置・

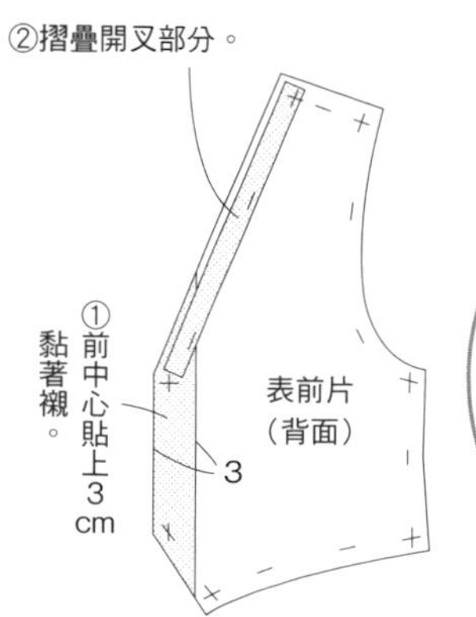
②摺疊開叉部分。
①前中心貼上黏著襯。
3cm
3
表前片
（背面）

【縫製順序】

準備　參考裁布圖裁剪布料，前片貼上黏著襯＆止伸襯布條
1　表・裡後中心各自車縫
2　表・裡肩線各自車縫
3　車縫下襬至前襟至領圍・袖襱
4　車縫脇邊
5　車縫下襬，正面壓裝飾線
6　製作釦眼，裝上釦子

※ 6請參考P.43。

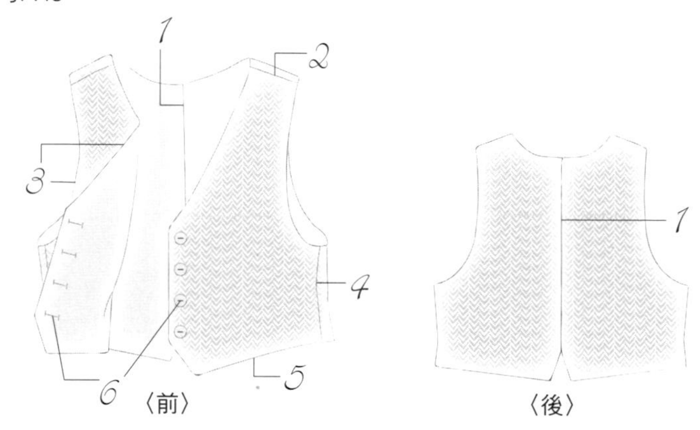
1
2
3
4
5
6
〈前〉
1
〈後〉

1　表・裡後中心各自車縫

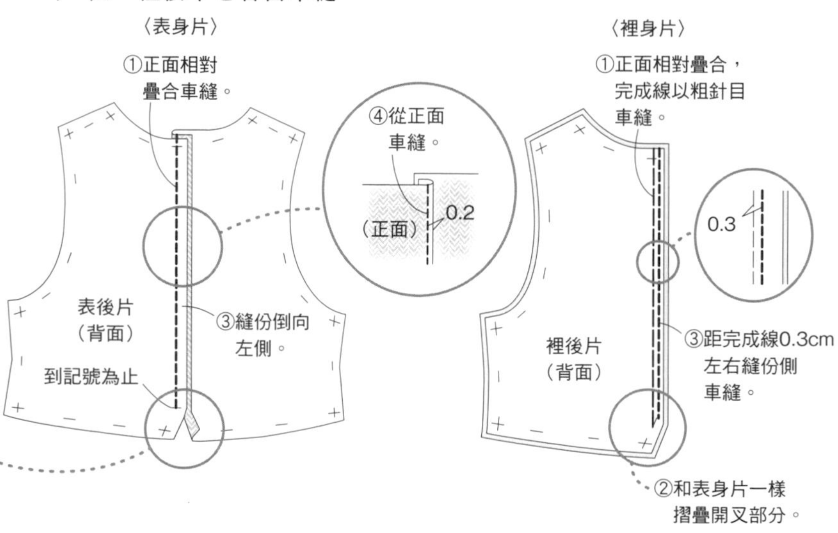
〈表身片〉
①正面相對疊合車縫。
④從正面車縫。
（正面）
0.2
表後片
（背面）
③縫份倒向左側。
到記號為止
②摺疊開叉部分。
〈裡身片〉
①正面相對疊合，完成線以粗針目車縫。
0.3
裡後片
（背面）
③距完成線0.3cm左右縫份側車縫。
②和表身片一樣摺疊開叉部分。

2 表・裡肩線各自車縫

表前片
（正面）
①正面相對疊合車縫。
②燙開縫份。
表後片
（正面）
表前片
（背面）

※裡身片也以相同方法車縫。

3 車縫下襬至前襟至領圍・袖襱

表後片
（背面）
②車縫袖襱。
④手由後片進去拉出前片。
裡前片
（正面）
車至記號為止
止縫點＝★
①正面相對疊合，
車縫下襬至前端
至領圍。
表前片（背面）
③邊角＆弧度剪牙口，
裁剪多餘部分。
⑥拔除裡後中心的
粗針目縫線。
⑤翻至正面，
熨燙整理。
裡後片（正面）
表前片
（正面）
★

4 車縫脇邊

表前片
（正面）
※正面相對疊合，
車縫表身片
★
①首先車縫裡身片脇邊，
延續縫線車縫表身片脇邊。
下襬
表前
（背面）
表後
（正面）
※燙開袖襱縫份
裡前
（背面）
裡後（正面）
下襬
②弧線剪牙口，
燙開縫份。
表前片
（正面）
脇邊
★
③熨燙整理。

5 車縫下襬

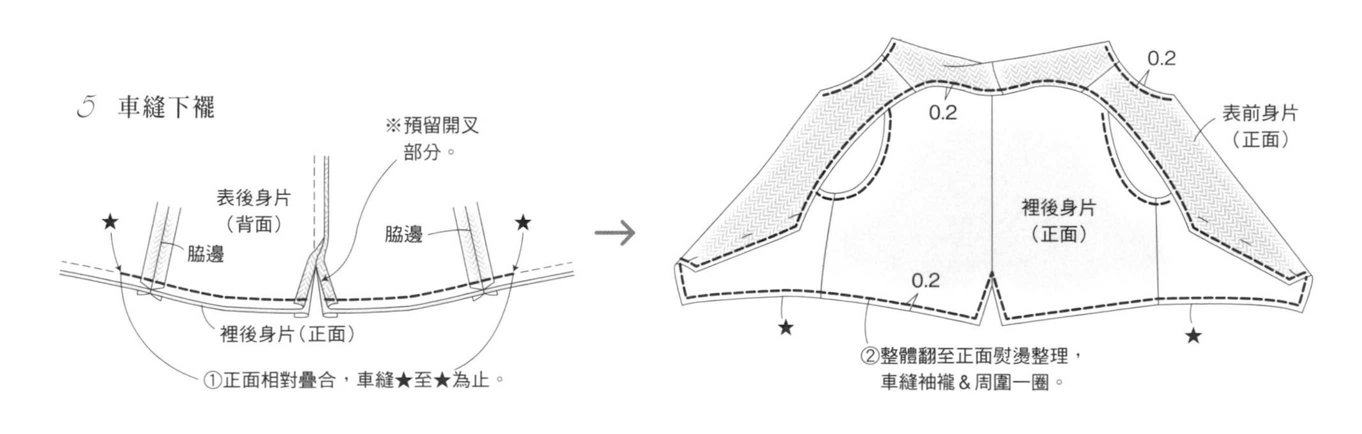

※預留開叉
部分。
表後身片
（背面）
★
脇邊
脇邊
★
裡後身片（正面）
①正面相對疊合，車縫★至★為止。
0.2
0.2
表前身片
（正面）
裡後身片
（正面）
0.2
★
★
②整體翻至正面熨燙整理，
車縫袖襱＆周圍一圈。

24

連帽披風

Photo …… p.34

❖**完成尺寸**(依S・M/L・LL順序)
胸圍……147/153cm
身長……65/66cm

❖**材料(4個尺寸相同)**
壓縮羊毛布……140cm×180cm
黏著襯……10cm×60cm
直徑2cm鈕釦……2個
直徑1cm鈕釦……1個
直徑1.5cm的暗釦……1組

❖**原寸紙型**
[2面/K] 1-前片・2-後片

【裁布圖】

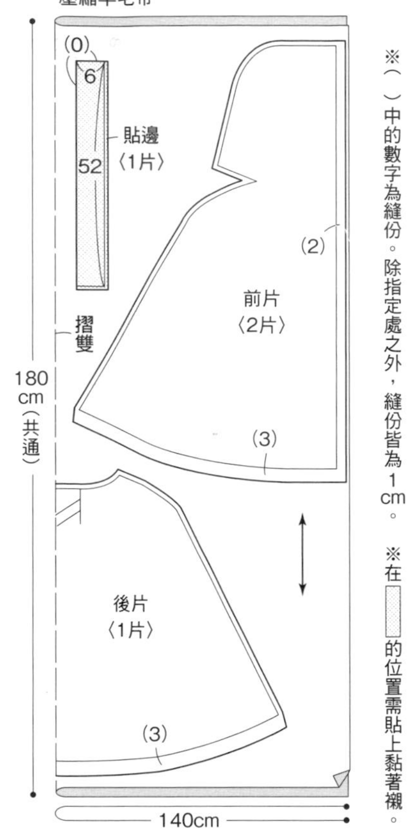
壓縮羊毛布
(0)
6
貼邊
〈1片〉
52
(2)
前片
〈2片〉
摺雙
180cm(共通)
(3)
後片
〈1片〉
(3)
140cm
※( )中的數字為縫份。除指定處之外,縫份皆為1cm。
※在▭的位置需貼上黏著襯。

【縫製順序】

準備 參考裁布圖裁剪布料,貼邊貼上黏著襯
1 縫製帽子
2 製作褶襇
3 車縫脇邊至領圍至脇邊
4 接縫貼邊,車縫下襬&四周
5 製作釦眼,裝上釦子

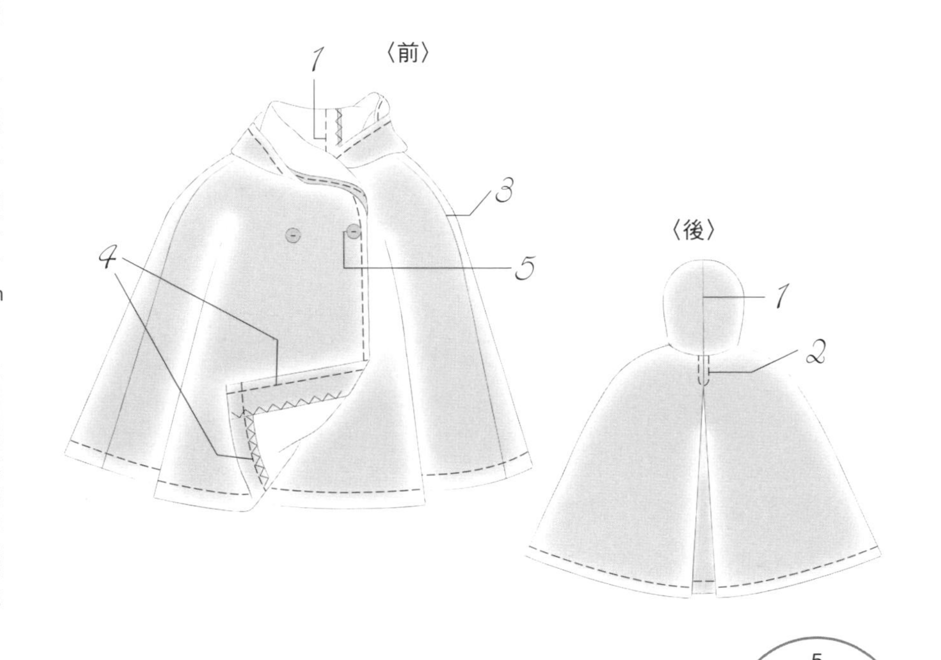
〈前〉
1
3
5
4
〈後〉
1
2

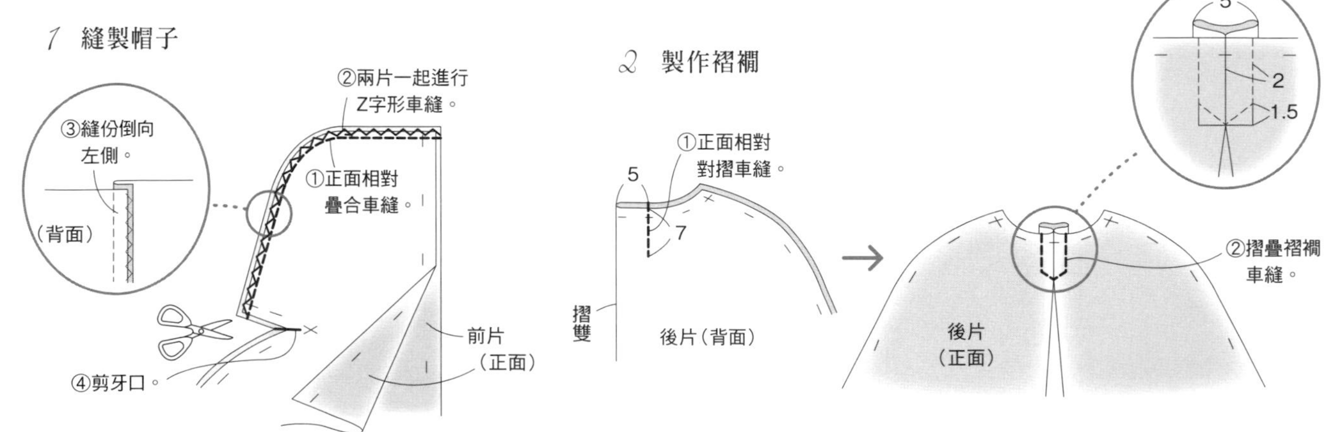
1 縫製帽子
③縫份倒向左側。
(背面)
②兩片一起進行Z字形車縫。
①正面相對疊合車縫。
前片
(正面)
④剪牙口。
2 製作褶襇
①正面相對對摺車縫。
5
7
摺雙
後片(背面)
5
2
1.5
②摺疊褶襇車縫。
後片
(正面)

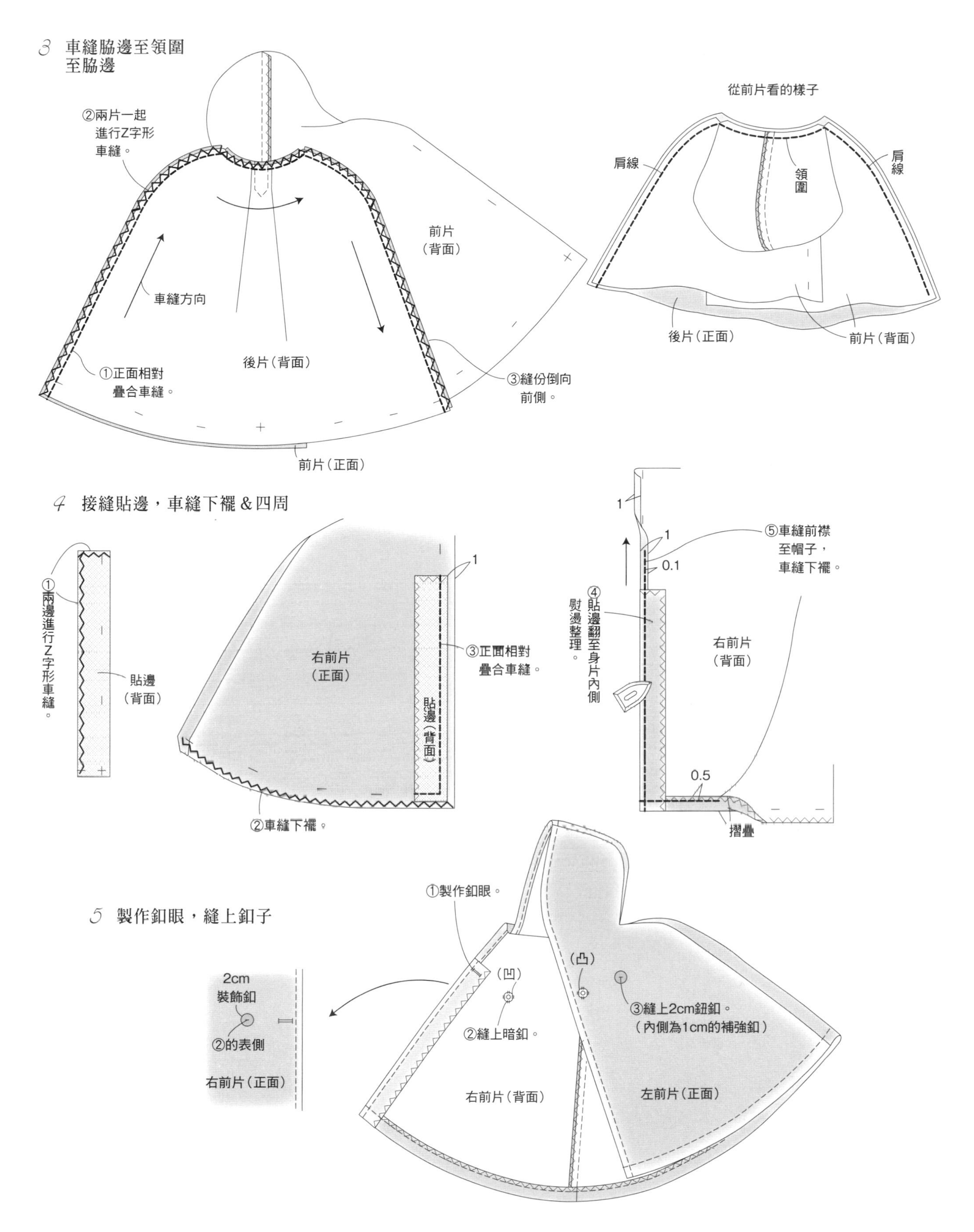
3 車縫脇邊至領圍至脇邊
②兩片一起進行Z字形車縫。
車縫方向
前片（背面）
後片（背面）
①正面相對疊合車縫。
③縫份倒向前側。
前片（正面）
從前片看的樣子
肩線
領圍
肩線
後片（正面）
前片（背面）
4 接縫貼邊，車縫下襬＆四周
①兩邊進行Z字形車縫。
貼邊（背面）
右前片（正面）
1
③正面相對疊合車縫。
貼邊（背面）
②車縫下襬。
1
1
0.1
⑤車縫前襟至帽子，車縫下襬。
④貼邊翻至身片內側熨燙整理。
右前片（背面）
0.5
摺疊
5 製作釦眼，縫上釦子
①製作釦眼。
2cm裝飾釦
②的表側
右前片（正面）
（凹）
②縫上暗釦。
（凸）
③縫上2cm鈕釦。（內側為1cm的補強釦）
右前片（背面）
左前片（正面）

07

竹製持手包包

Photo …… p.13

❖完成尺寸

長……38cm　高……38cm　寬……4cm

❖材料（4個尺寸相同）

袋布：傢飾布……90cm×50cm
內布：亞麻布（白色）……110cm×50cm
內徑10cm竹製持手……1組

【裁布圖】

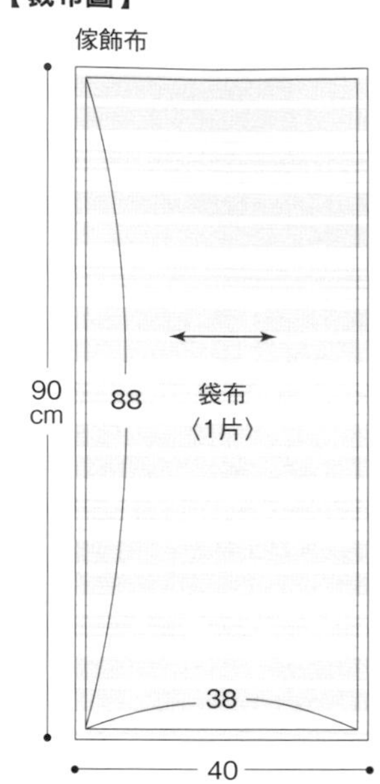

傢飾布
90 cm
88
袋布
〈1片〉
38
40

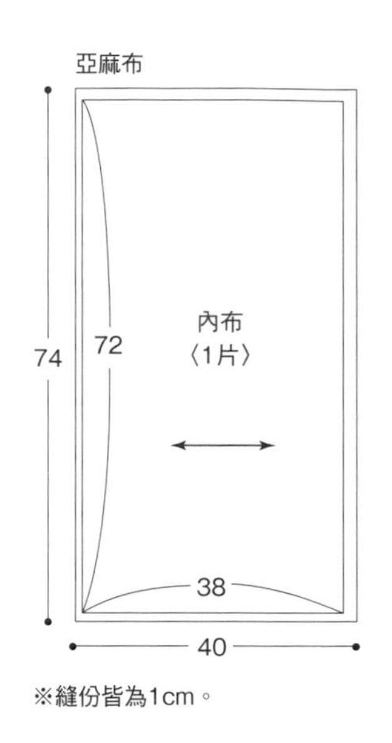

亞麻布
74
72
內布
〈1片〉
38
40

※縫份皆為1cm。

【縫製順序】

1 袋布・內布的脇邊各自車縫
2 穿過持手，車縫袋口
3 製作側幅
4 製作持手貼邊

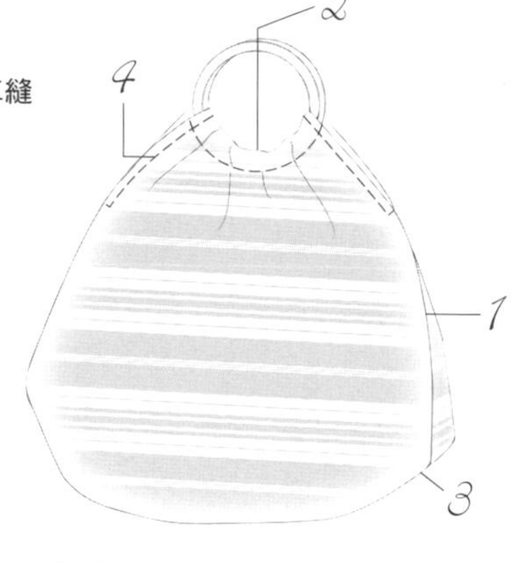

2
4
1
3

1 袋布・內布的脇邊各自車縫

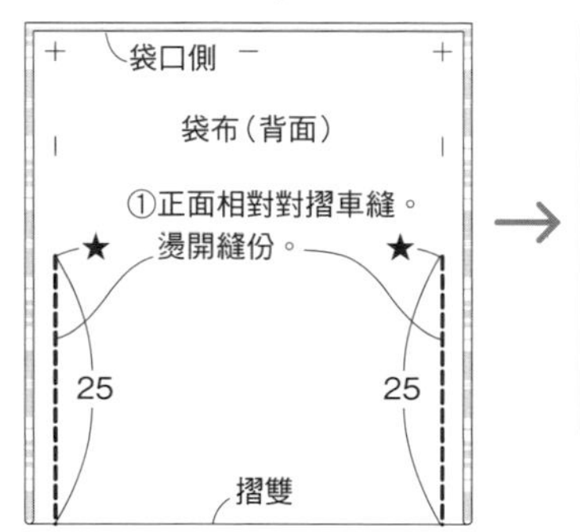

袋口側
袋布（背面）
①正面相對對摺車縫。
邊開縫份。
25
25
摺雙

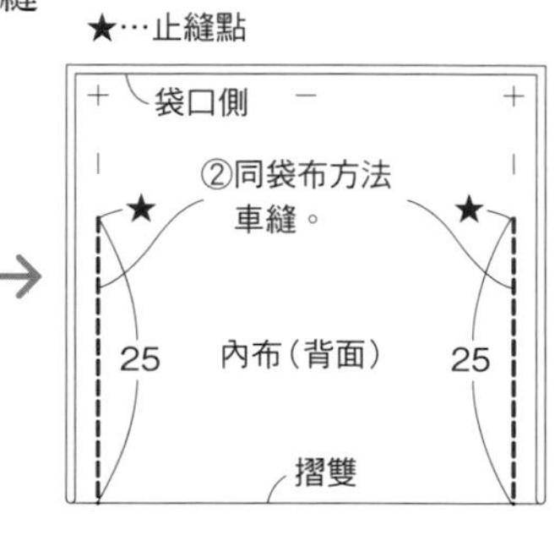

★…止縫點
袋口側
②同袋布方法
車縫。
25
內布（背面）
25
摺雙

2 穿過持手，車縫袋口

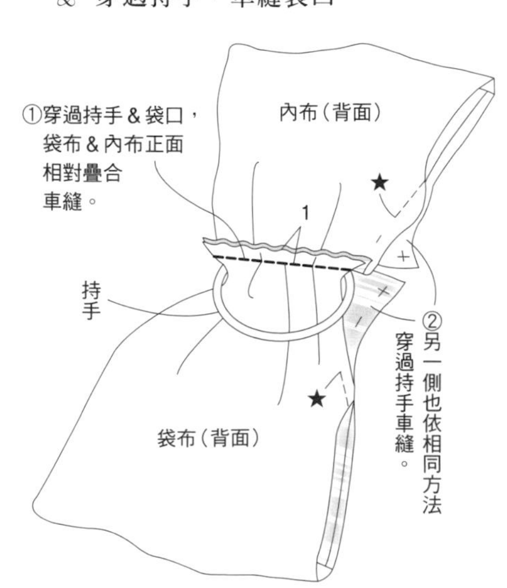

①穿過持手＆袋口，
袋布＆內布正面
相對疊合
車縫。
內布（背面）
1
持手
②另一側也依相同方法穿過持手車縫。
袋布（背面）

3 製作側幅

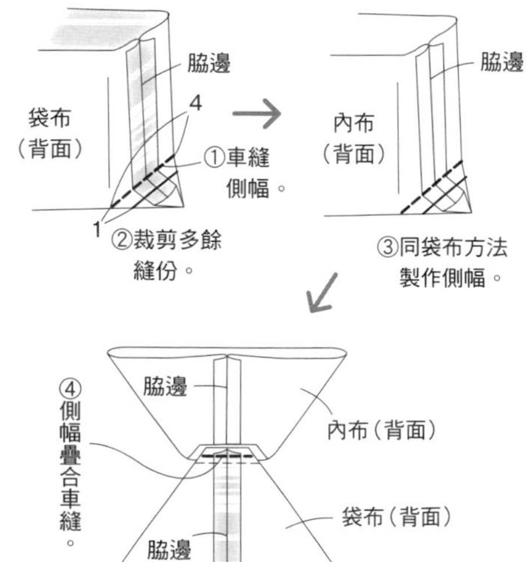

脇邊
袋布
（背面）
4
①車縫
側幅。
1
②裁剪多餘
縫份。
內布
（背面）
脇邊
③同袋布方法
製作側幅。
脇邊
④側幅疊合車縫。
內布（背面）
袋布（背面）
脇邊

4 製作持手貼邊

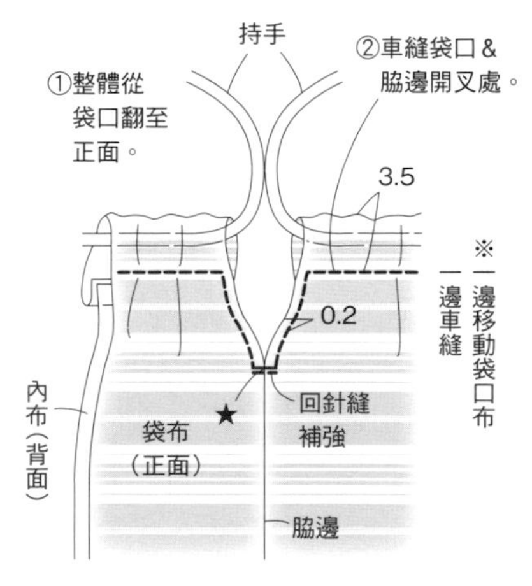

持手
①整體從
袋口翻至
正面。
②車縫袋口＆
脇邊開叉處。
3.5
※一邊移動袋口布一邊車縫
0.2
回針縫
補強
內布（背面）
袋布
（正面）
脇邊

08

側背包

Photo …… p.13

❖完成尺寸

袋口寬……27cm　長……30cm

❖材料

條紋亞麻布……60cm×50cm

自己喜好的圖案裝飾……皮革錨型圖案・鈕釦等

【裁布圖】

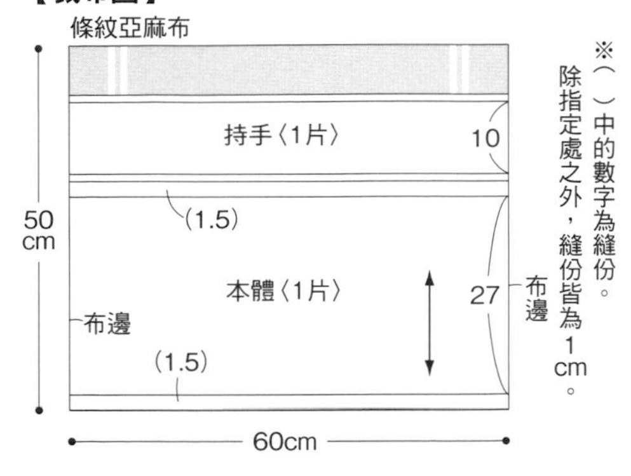
條紋亞麻布
持手（1片）
10
(1.5)
50 cm
本體（1片）
27
布邊
布邊
(1.5)
60cm

※（ ）中的數字為縫份。除指定處之外，縫份皆為1cm。

【縫製順序】

1 製作持手
2 縫上裝飾
3 製作袋布，裝上持手

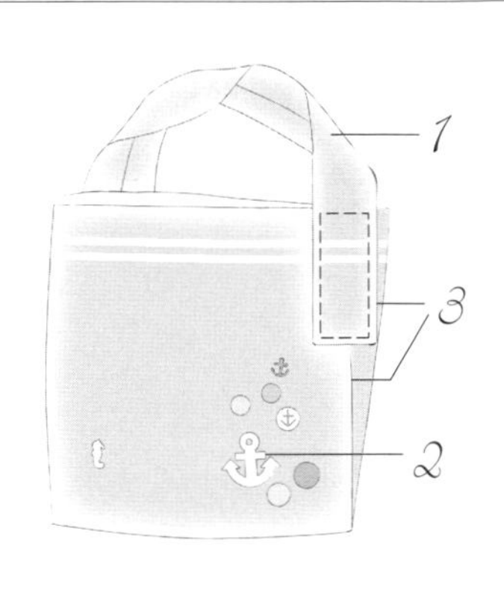
1
3
2

1 製作持手

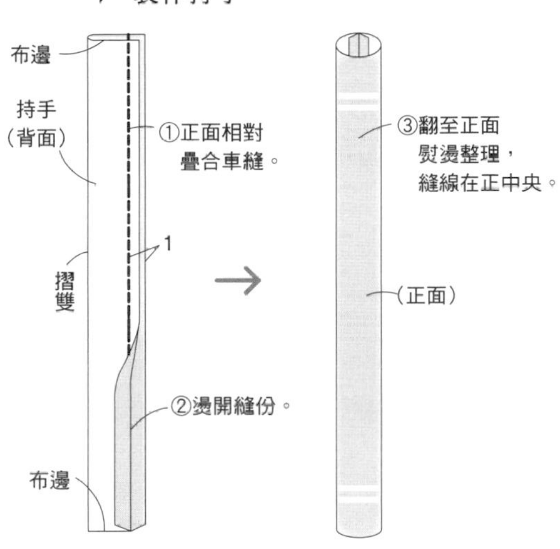
布邊
持手（背面）
①正面相對疊合車縫。
1
摺雙
②燙開縫份。
布邊
③翻至正面熨燙整理，縫線在正中央。
（正面）

2 縫上裝飾

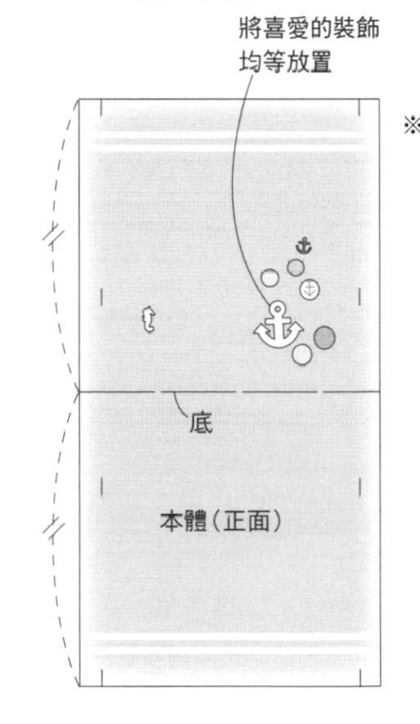
將喜愛的裝飾均等放置
※請勿靠近縫份處
底
本體（正面）

錨型圖案
原寸紙型
※依此圖案切割皮革，中間以四合釦固定

3 製作袋布，裝上持手

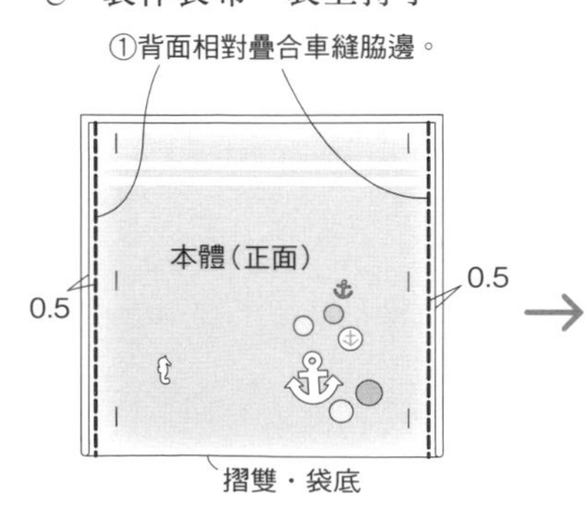
①背面相對疊合車縫脇邊。
本體（正面）
0.5
0.5
摺雙・袋底

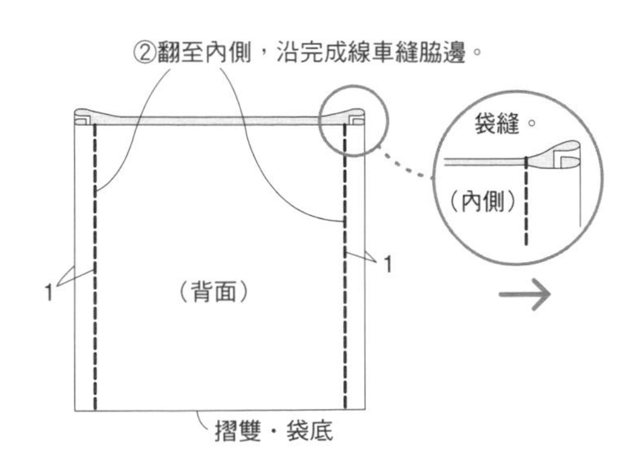
②翻至內側，沿完成線車縫脇邊。
1
1
（背面）
摺雙・袋底
袋縫。
（內側）

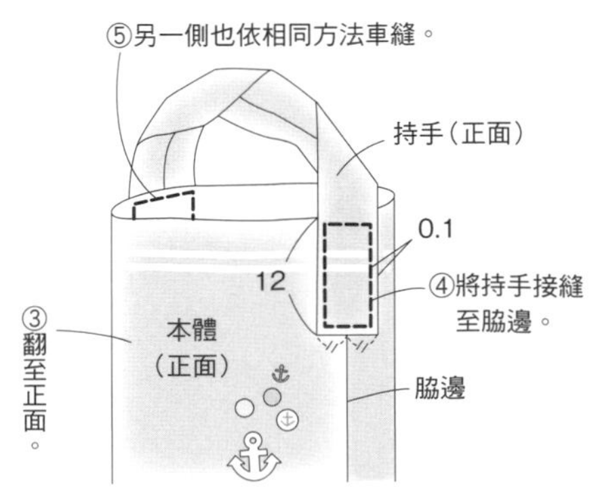
⑤另一側也依相同方法車縫。
持手（正面）
0.1
12
④將持手接縫至脇邊。
③翻至正面。
本體（正面）
脇邊

28 蕾絲裝飾領

Photo …… p.37

❖完成尺寸

寬……7cm　長……70cm

❖材料

寬7cm蕾絲（白色）……70cm

寬0.3cm緞帶（茶色）……110cm

【製作重點】

將蕾絲兩邊端塗上手藝專用黏著劑防止脫線。穿過緞帶，輕輕抽拉並綁結。

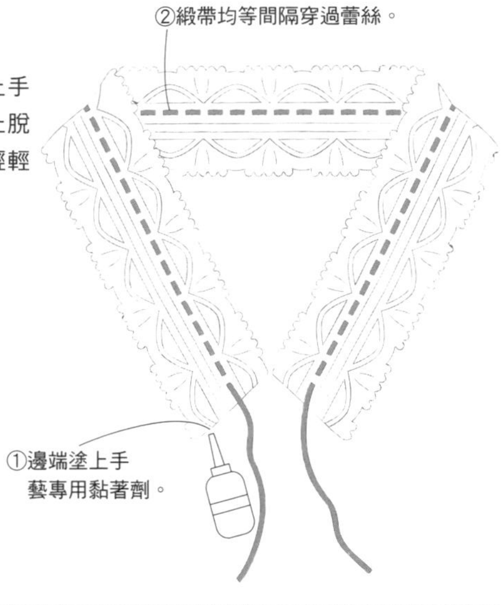

②緞帶均等間隔穿過蕾絲。
①邊端塗上手藝專用黏著劑。

26 手腕套 II

Photo …… p.36

❖完成尺寸　寬……5cm

❖材料

彈性合成毛皮織帶

…… 5 cm×23cm 2條

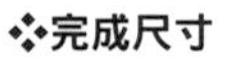

【製作重點】

將毛皮織帶正面相對疊合，手縫毛毯邊繡。

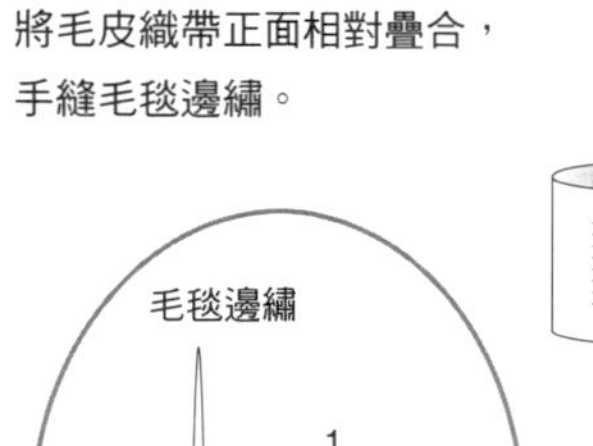

毛毯邊繡
1
3
2

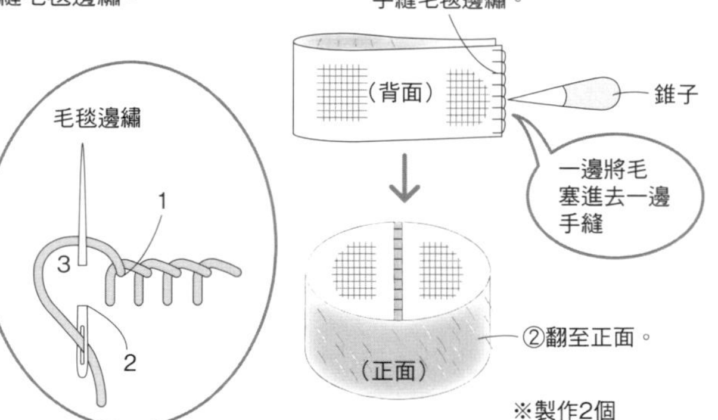

①正面相對疊合對摺，手縫毛毯邊繡。
（背面）
錐子
一邊將毛塞進去一邊手縫
②翻至正面。
（正面）

※製作2個

29 條紋亞麻圍巾

Photo …… p.37

❖完成尺寸

寬……47cm

長……200cm（包含流蘇）

❖材料

窄幅亞麻布（白×原色）……200cm

【裁布圖】

※如果不是使用窄幅布料，布邊請加上2cm的縫份

布邊
圍巾〈1片〉
47
裁剪
裁剪
布邊
200cm

【製作重點】

使用窄幅布料，兩端抽拉約8cm左右的橫線製作流蘇。

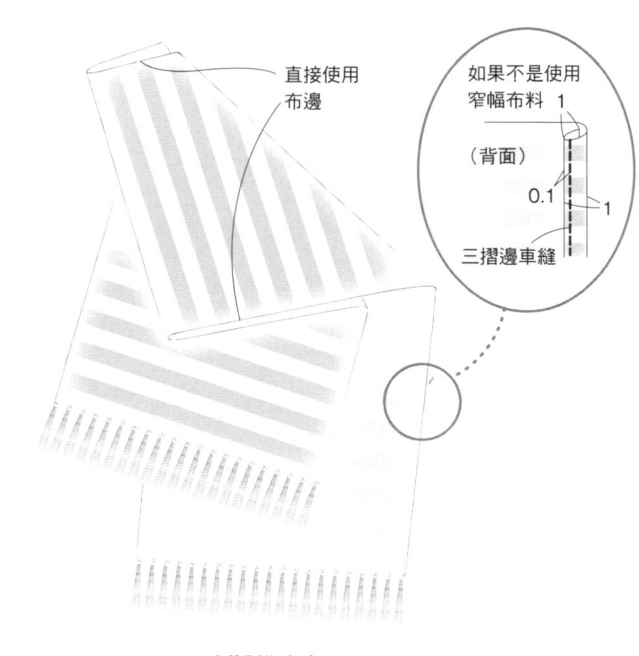

直接使用布邊
如果不是使用窄幅布料 1
（背面）
0.1
1
三摺邊車縫

流蘇製作方法

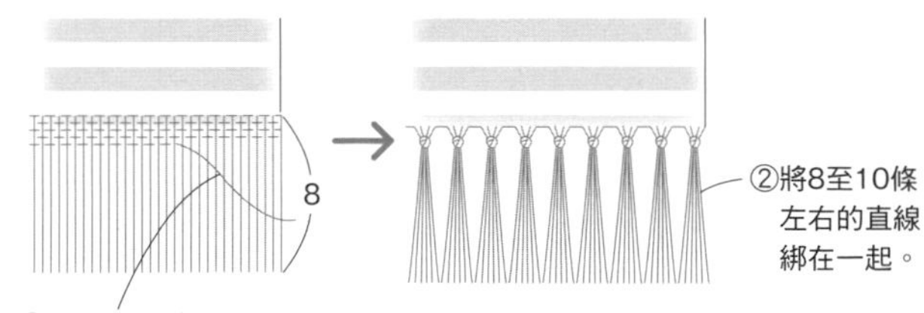

8
①從布邊抽拉約8cm左右的橫線。
②將8至10條左右的直線綁在一起。

25,27

手腕套 I 毛皮裝飾領

Photo…… p.36

❖完成尺寸

25　寬……7cm　長……24cm
27　寬……10cm　長……90cm

❖材料

合成毛皮（自然鹿紋）……120×50cm
亞麻布……110×50cm
直徑1.3cm鈕釦（裝飾領用）……1個
直徑1cm鈕釦（手腕套用）……4個
寬0.2cm繩子（釦環用）……適量即可

❖27 原寸紙型

［1面／L］毛皮裝飾領

【裁布圖】

表布：合成毛皮
裡布：亞麻布

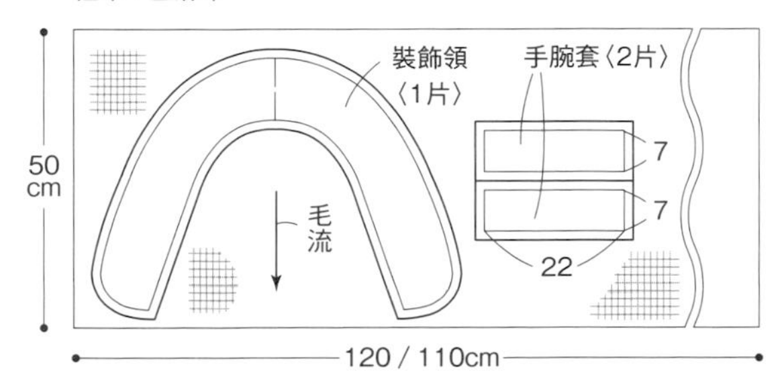

裝飾領〈1片〉
手腕套〈2片〉
7
7
22
毛流
50cm
120 / 110cm

●合成毛皮裁剪重點●

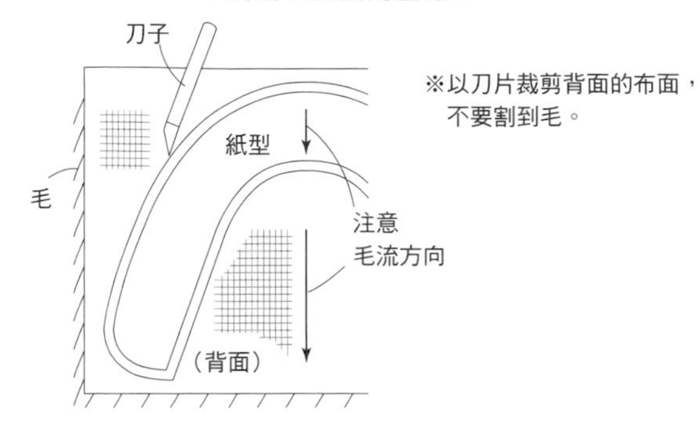

刀子
紙型
毛
注意毛流方向
（背面）

※以刀片裁剪背面的布面，不要割到毛。

【製作重點】

包夾釦環車縫正面＆背面，翻至正面，縫上釦子。

〈毛皮裝飾領〉

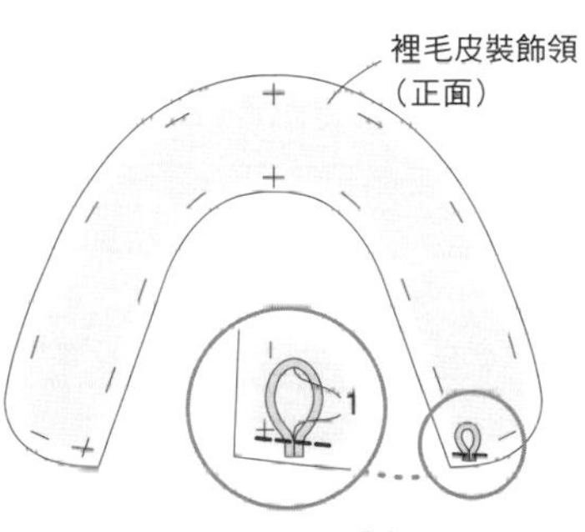

裡毛皮裝飾領（正面）
1

①釦環疏縫暫時固定。

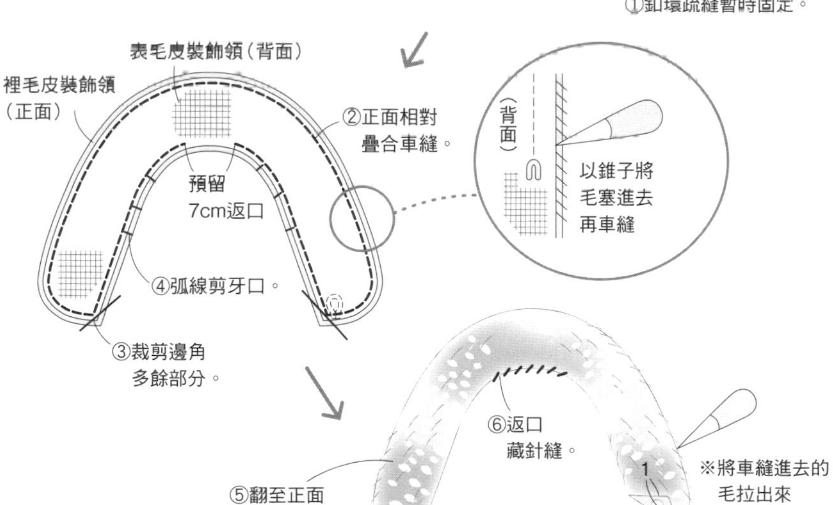

表毛皮裝飾領（背面）
裡毛皮裝飾領（正面）
②正面相對疊合車縫。
預留7cm返口
④弧線剪牙口。
③裁剪邊角多餘部分。
（背面）
以錐子將毛塞進去再車縫
⑤翻至正面熨燙整理。
⑥返口藏針縫。
※將車縫進去的毛拉出來
⑦縫上釦子。
1

〈手腕套〉

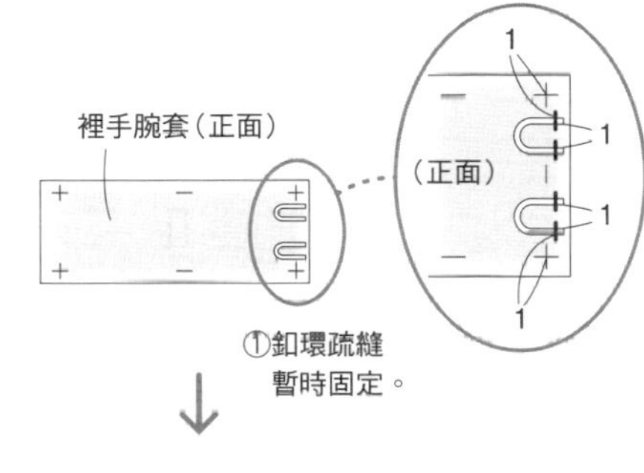

裡手腕套（正面）
（正面）
1
1
1
1

①釦環疏縫暫時固定。

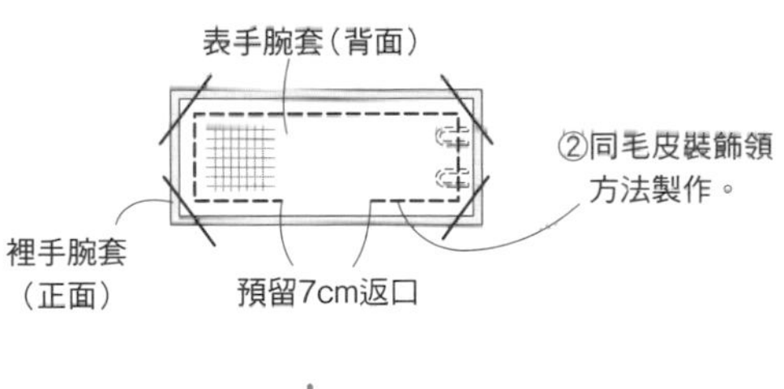

表手腕套（背面）
②同毛皮裝飾領方法製作。
裡手腕套（正面）
預留7cm返口

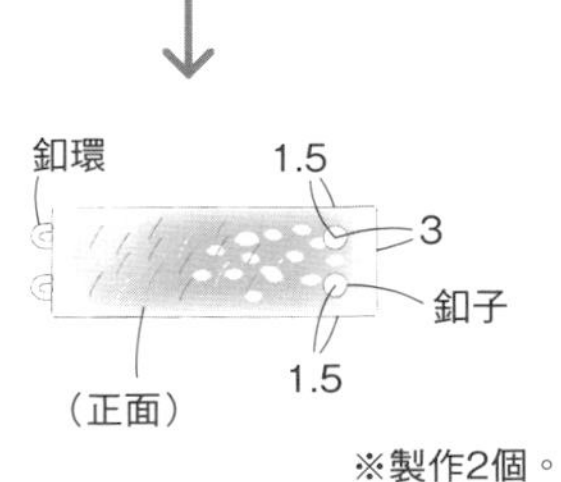

釦環
1.5
3
釦子
1.5
（正面）

※製作2個。

Sewing 縫紉家 11

休閒&聚會都ok！穿出styleのMay Me大人風手作服

一次學會上衣・洋裝・裙子・褲子・背心・包包・配件

作　　者／伊藤みちよ
譯　　者／洪鈺惠
發 行 人／詹慶和
總 編 輯／蔡麗玲
執行編輯／劉蕙寧
編　　輯／蔡毓玲・黃璟安・陳姿伶・白宜平・李佳穎
執行美編／陳麗娜
美術編輯／李盈儀・周盈汝
內頁排版／造極
出 版 者／雅書堂文化事業有限公司
發 行 者／雅書堂文化事業有限公司
郵撥帳號／18225950 戶名：雅書堂文化事業有限公司
地　　址／新北市板橋區板新路206號3樓
電　　話／(02)8952-4078
傳　　真／(02)8952-4084
網　　址／www.elegantbooks.com.tw
電子郵件／elegant.books@msa.hinet.net

2014年07月初版一刷　定價 350 元

總經銷／朝日文化事業有限公司
進退貨地址／新北市中和區橋安街15巷1號7樓
電話／（02）2249-7714　傳真／（02）2249-8715

May Me 伊藤みちよ

以「不受到流行左右，經得起時間考驗的簡單設計，每次都讓人忍不住想穿上的百搭款式」為主軸，製作成人款式的服裝。除了在展覽會&自己的專屬網站販賣衣服之外，也有在向ヶ丘遊園的「Sunny Days」或町田「CAFÉ UTOKU」等委託販賣。品牌名當中的may除了代表誕生在5月之外，還包含了英文中的希望之意。
http://home.c07.itscom.net/mayme/

◎Staff

版面設計	山田素子（Studio dunk）
攝影	西田知世
	森谷則秋（作品去背照片）
	渡辺華奈（P.44至48製作步驟・P.80）
造型	佐藤かな
髮型&化妝	吉川陽子
模特兒	Merii
作法繪圖	網田ようこ
電腦製圖	白井麻衣
紙型繪圖	株式會社クレイワークス
紙型完稿	八文字則子
編輯	秋山さやか

國家圖書館出版品預行編目(CIP)資料

休閒＆聚會都ok！穿出styleのMay Me 大人風手作服：一次學會上衣・洋裝・裙子・褲子・背心・包包・配件/伊藤みちよ著; 洪鈺惠譯. -- 初版. – 新北市：雅書堂文化, 2014.07
面；　公分. -- (Sewing縫紉家; 11)
ISBN 978-986-302-186-5（平裝）
1.縫紉 2.衣飾 3.手工藝

426.3　　103011482